LUMINAIRE

光启

守望思想　逐光启航

遇见梵高椅

ゴッホの椅子

[日]久津轮雅○著　米　悄○译

上海人民出版社　LUMINAIRE 光启

目 录

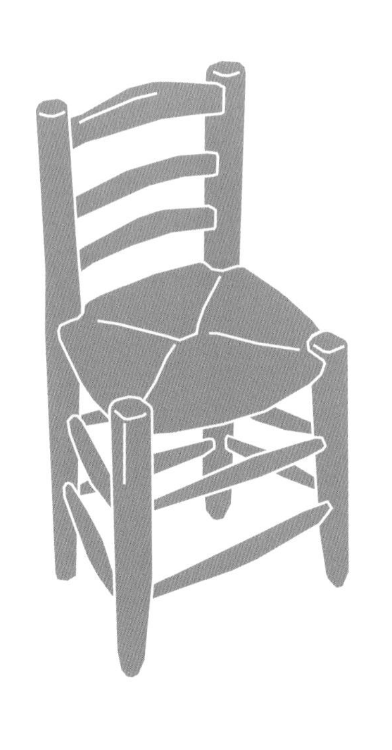

前 言

平时，我常和学生或三五好友一道，去附近的森林砍来木头，不以机械而纯靠手工工具切削生木，制成椅子。我把这一活动取名为“绿色木工”(Green Wood Work)。

一次偶然的机会，我听说有一种叫“梵高的椅子”的欧洲古木椅，也是用同样的方式做出来的。这让我跃跃欲试，甚至觉得以此作为制椅讲座的主题，也极具趣味性。

当我萌生了这一想法，便开始着手调查。这一查，才发现这把椅子其实早已被知名的工艺家们介绍进了日本。譬如大名鼎鼎的黑田辰

秋，竟曾特意去当地考察，拍摄了大量的照片和录像，详实地记录下了制作过程。

提起黑田辰秋，木工工艺界无人不晓，他是获得过“人间国宝”称号的工艺巨匠。

我不想埋没那些在调查中获得的宝贵资料，期望以恰当的形式公之于众。这便是撰写本书的初衷。

黑田辰秋以精美的漆艺和螺钿作品声名远扬，为何会对这种做工粗犷的原木座椅感兴趣呢？深入调查后，我又了解到很多东西，包括黑田对制椅终生持守的情怀，以及切削原木、转眼即成的梵高椅，为黑田穷工极态的作品创作带来的诸多影响。

我了解到，黑田本人也曾为木头这种会开裂和收缩的材料吃过很多苦头，还发现有不少文人和工艺家也曾为梵高椅着迷，且至今仍有工匠在制作梵高椅。

源自国外的“梵高的椅子”，黑田辰秋的椅子，以及我们绿色木工的椅子，它们之间看似不同，却又相互联系。

通过学习旧识，去发现新知。

对此，我不仅想亲自求证，也渴望与更多的人分享，因而，在本书中，有对黑田辰秋制椅历史的回顾，有海外调研的所见所闻，还有对梵高椅制作方法的详细解说。

第三章中黑田对梵高椅制作过程的记录、第二和第四章中黑田本人的制椅照片，大都是迄今为止未曾发表过的，它们也是历经五十年的岁月终获展现的珍贵历史资料。

敬请赏阅这个始于一把椅子的故事。

久津轮雅

何谓梵高椅

在日本，有一种座椅被称为“梵高的椅子”。
椅腿由细瘦的圆材粗削得到，
座面以植物的叶子编结而成。
不施漆料，原木材质。
相对于现代的成人椅，它的尺寸略小。
这种椅子构造普通，
不过是将木棒纵横相接组装而成的一般结构。
顾名思义，它正是荷兰画家
文森特·梵高的油画中出现的那把椅子。

文森特·梵高，《在阿尔勒的卧室》。“梵高的椅子”
在这幅画中出现。

1888年，梵高在法国南部的阿尔勒（Arles）租了一栋房子，旨在创造一个可使年轻画家们共同生活和创作的场所。高更响应呼吁，在那里与梵高共同生活了两个月。前页的《在阿尔勒的卧室》描绘的就是那所房子里的一室。而上面这幅《梵高的椅子》，则是针对《高更的椅子》所做，梵高椅之简约质朴和高更椅之精致华美，也暗示着两个人的性格之差，以及最终分道扬镳的结局。

上面的画作《梵高的椅子》由梵高本人所做，而右页照片中的座椅，在日本也被称为“梵高的椅子”。两相对照，可以发现它们几乎完全一样。

画作中，椅腿上星星点点地缀着木节，椅腿的顶端还有状似年轮的纹理，似乎只是剥掉了细瘦圆材的树皮而已。连接椅腿的枨子粗细不均，略有变形。背板勾勒出和缓的弧线，座面则由金色的绳状物编结而成。

实物座椅高约80厘米，座宽约42厘米，座深约38厘米，座面高度约为40厘米。实物座椅上也遍布着木节，木材的表面并无打磨而形成的光泽，手感粗糙。弯曲的枨子，有弧度的背板，以及编织成形的座面，与画中的椅子并无二致。若在座面上再放一只梵高最喜欢的烟斗，几可入画。（照片中的椅子由河井宽次郎纪念馆所有。）

梵高椅的特征

如果凑近细细观察，会发现这把椅子的特征体现在木材的利用和切削方式上。从上俯览，前后腿的中央都有芯子，可见其几乎保持了细圆材的本样而未做过多修整。由于木材芯部会出现放射状的径向裂纹，故在家具制作中往往会将芯材剔除，像这样带芯使用是非常罕见的。椅腿的表面虽然经过切削，但并非笔直，而是随着树木的原始生长形态，带有自然的弯曲。连接椅腿的枨子，表面时而会有锯割的痕迹，甚为粗糙，未经处理就直接插进了椅腿的圆孔中。三块背板，正面虽刨削得较为平整，背面却只做了粗削，棱角可辨。座面用拧成绳股的植物叶子编结而成，但背面却没有拧成股，只是将多余的部分用小刀切掉而已。总体来看，这把座椅的工期之快，从外形上便一览无遗。

1. 椅腿使用芯材。用直径 7－8 厘米左右的圆材刨削而成。
2. 枨子的粗细和截面的形状参差不一。只是将原木锯割后，粗削而成。
3. 枨子的断面有棱角，却被直接插入了圆孔中。
4. 背板的表面刨削得比较平整。
5. 背板的背面，上方的切削度较大。最上方的背板，两端用木钉固定在后腿上。
6. 座面将植物叶片拧成绳状编结而成。
7. 座面表里不一，背面并未拧成绳状。

黑田辰秋其人

有一位工艺家，从年轻时起就一直痴迷梵高椅，
他就是黑田辰秋。
1904年（明治三十七年）黑田生于京都，是漆匠家中最小的孩子。
十五岁那年，他开始接受漆艺的训练，
却对一件制品必须依靠多人分工完成的制作方式始终抱持疑问。
身为一名工艺作者，
他立志包罗一切，亲手制作出完整的作品。
在那之后，他自学木工，并精进漆艺技术，不断突破，
开辟出一个全新的工艺世界。

黑田辰秋的作品

黑田辰秋的创作涵盖面极广，其中包括受李朝家具影响的柜子等木制家具、造型独一无二的漆艺作品，以及以贝壳装饰的精美绚丽的螺钿作品等。

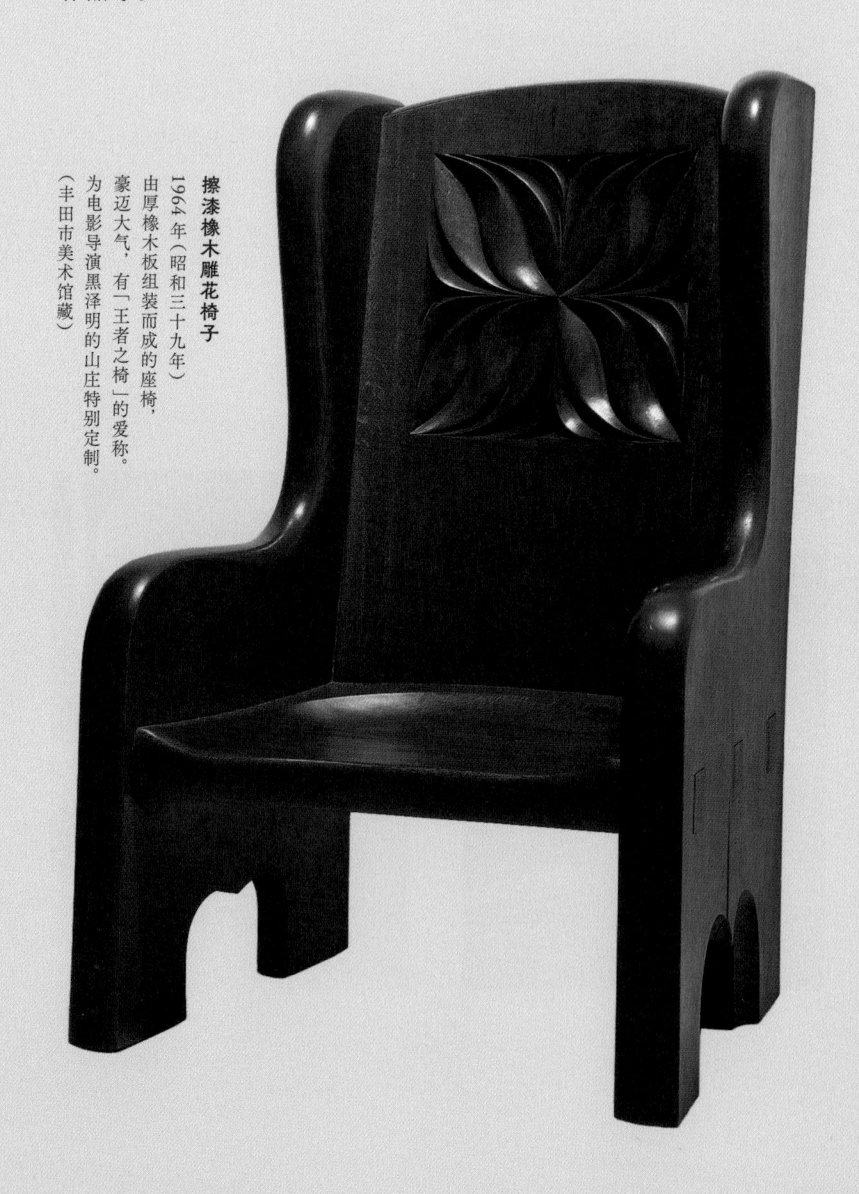

擦漆橡木雕花椅子
1964年（昭和三十九年）
由厚橡木板组装而成的座椅，豪迈大气，有「王者之椅」的爱称。为电影导演黑泽明的山庄特别定制。
（丰田市美术馆藏）

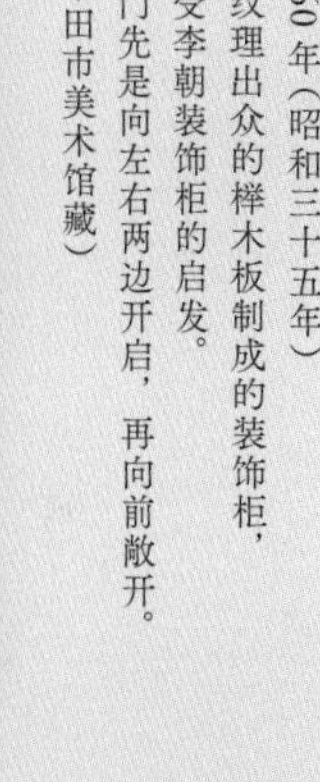

擦漆文灌木装饰柜

1960年（昭和三十五年）

用纹理出众的榉木板制成的装饰柜，
深受李朝装饰柜的启发。
柜门先是向左右两边开启，再向前敞开。
（丰田市美术馆藏）

干漆耀贝螺钿捻十棱水罐

1965年（昭和四十年）

通体漆黑的容器，掀开盖子，
贝壳的光彩令人眼前一亮。
先用黏土做出内壁，以贝壳贴面，
外表面用漆料和麻布固型，
最后浸在水中以融化黏土，
整体上是由内向外成型的工艺技法。
（丰田市美术馆藏）

朱漆四棱茶枣

1960年（昭和三十五年）

黑田偏爱并深入其中的「捻转」造型。
用旋床旋出樱花形，
再以小刀和小刨子磨削而成。
除四棱之外，还有六棱、八棱、
十二棱等作品。
（私人藏品）

赤漆雕华纹饰手筐

1941年（昭和十六年）

自二十多岁时起就一直使用的
雕华纹（雕花纹）的漆盒。
这种盒子使用扁柏木材，
是雕刻花纹之后，
蒙裹麻布上漆精制而成。
（丰田市美术馆藏）

干漆耀贝螺钿饰筐

1969年（昭和四十四年）

用漆料干固的麻布基底上，
装饰着墨西哥鲍贝和白蝶贝。
（私人藏品）

1964
昭和三十九年
60 岁

驻留岐阜县付知町（今中津川市）。
为电影导演黑泽明的别墅制作家具套组。
陶艺家滨田庄司赠送梵高椅。

1967
昭和四十二年
63 岁

承接宫内厅的皇居·新宫殿座椅的制作委托。
为学习座椅文化，与长子乾吉一起访问欧洲各国。
学习和记录梵高椅的制作过程。
驻留岐阜县高山市。与大型家具制造商飞驒产业携手试制新宫殿座椅。

1968
昭和四十三年
64 岁

皇居·新宫殿座椅交付使用。

1970
昭和四十五年
66 岁

成为木工工艺领域中首次获得认证的重要无形文化遗产保持者（「人间国宝」）。

1982
昭和五十七年

去世。享年 77 岁。

1《白桦》：创刊于 1910 年的文艺和美术杂志，参与作家主要有武者小路实笃、有岛武郎、志贺直哉、木下利玄、长与善郎等人。——译注。本书注释如无特别说明，均为译注。

1970年 与滨田庄司在一起

1964年 制作黑泽明的别墅家具套组

黑田辰秋年谱

1904 明治三十七年

生于京都市一个漆艺匠人之家。

1924 大正十三年 20 岁

与陶艺家河井宽次郎相识，通过河井结交了民艺运动领袖柳宗悦及其同仁。

1927 昭和二年 23 岁

上加茂民艺协团成立。与年轻的工艺家们共同生活、制作。两年之后该协团解散。在杂志《白桦》的梵高特辑上，见到了椅子的画作。用北山杉木制作梵高椅。

1929 昭和四年 25 岁

为御大礼纪念国产振兴东京博览会制作「擦漆榉木成套桌椅（三国庄的座椅）」。

1934 昭和九年 30 岁

与井上藤成婚，长子乾吉诞生。

1944 昭和十九年 40 岁

前往朝鲜、中国东北。在吉林省担任陶瓷器的制作顾问，在那里见到了曲木民艺座椅。

1946 昭和二十一年 42 岁

次子丈二诞生。

1917年前后

1934年 长子乾吉出生

1938年 与家人一起

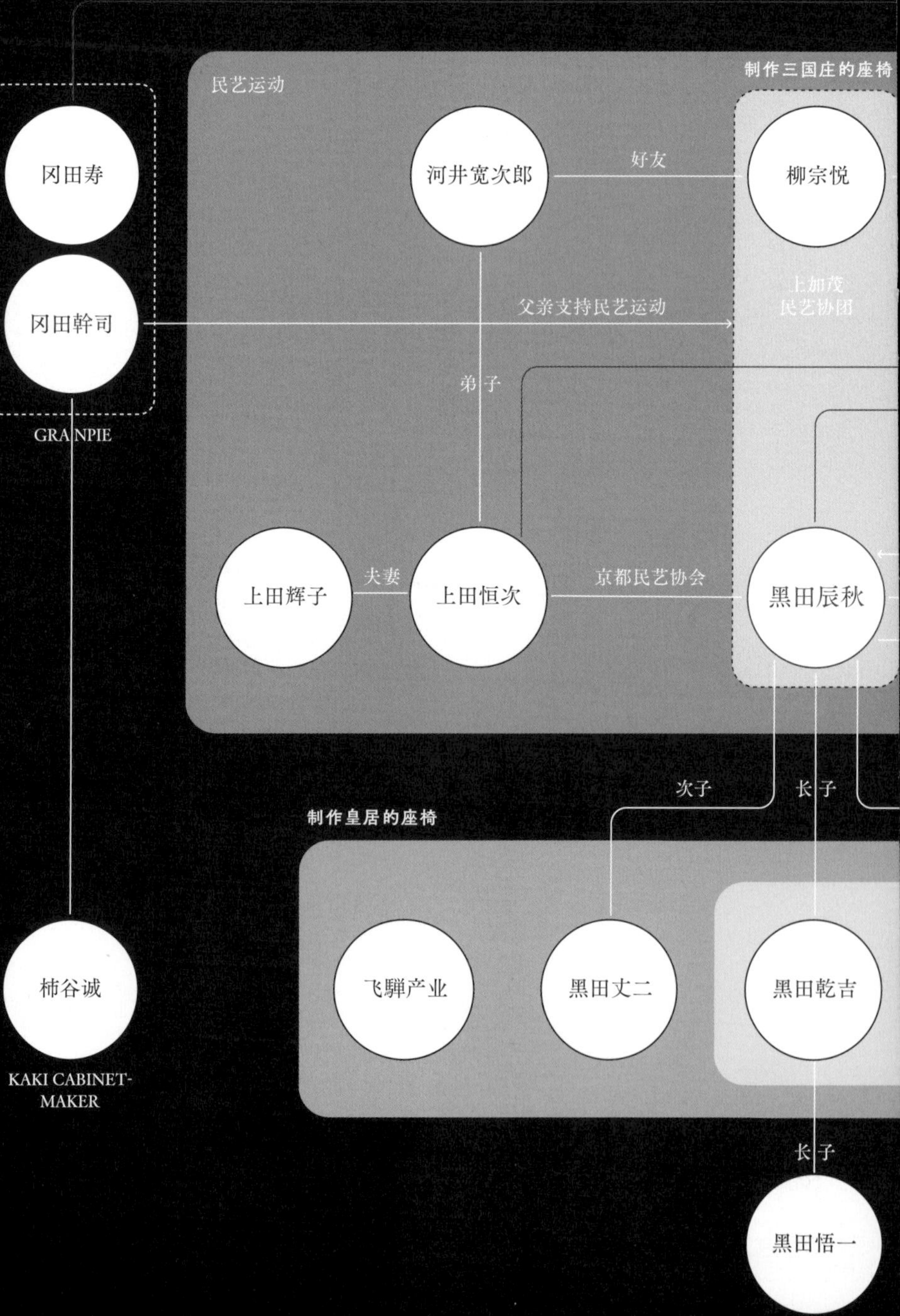

民艺运动
制作三国庄的座椅
冈田寿
冈田幹司
GRANPIE
河井宽次郎
好友
柳宗悦
上加茂
民艺协团
父亲支持民艺运动
弟子
上田辉子
夫妻
上田恒次
京都民艺协会
黑田辰秋
次子
长子
制作皇居的座椅
柿谷诚
KAKI CABINET-
MAKER
飞驒产业
黑田丈二
黑田乾吉
长子
黑田悟一

黑田辰秋与梵高椅的人物关系图

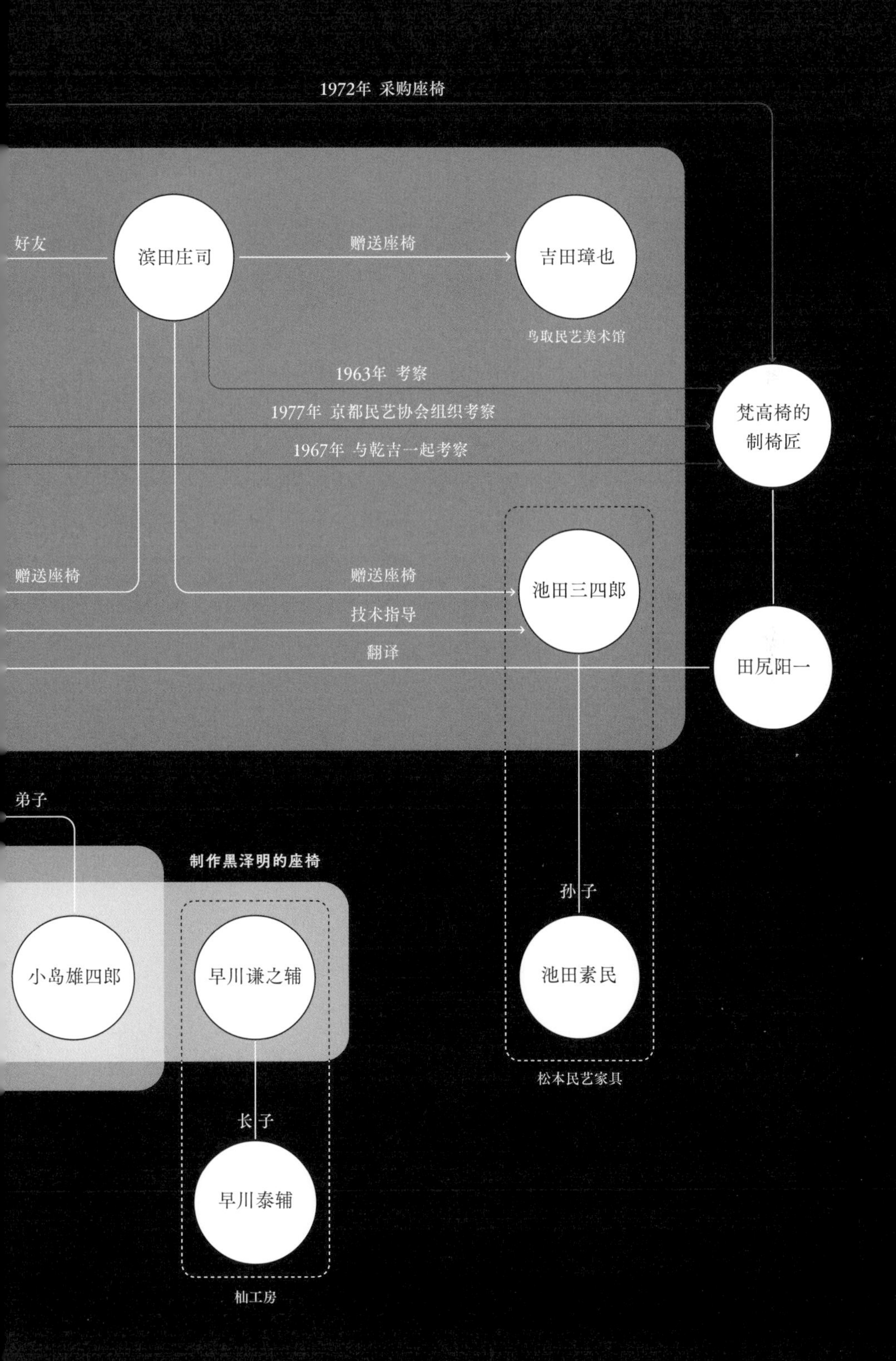

ジプシーの椅子

第 1 章

梵高椅来到日本

在 20 世纪 60 年代初期，

收集世界各地民艺品的工艺家见到了切削圆材、

转眼即成的制椅景象。

那是日本人与梵高椅的初次相遇。

左页 | 松本民艺家具收藏的梵高椅，上有“64 年 来自滨田先生”的字样。

始于滨田庄司

最先将梵高椅介绍到日本的，是陶艺家滨田庄司。以滨田为轴心，在民艺运动家之间，这把椅子的人气与日俱增。

滨田庄司是摩登少年的先锋

滨田庄司于1894年（明治二十七年）出生于东京芝町的某文具店之家。该店除了进口和销售欧洲的颜料、钢笔、肥皂等，也是一个文化沙龙般的场所。此外，滨田初中时就经常光顾横滨的一家古董店，见识过不少西洋的座椅，从很早起，他就熟悉和憧憬西洋文化，是摩登少年的先锋。

年末大扫除的当天，滨田庄司从家中搬出温莎椅，并在它们的包围中迎接来客。

涉足陶艺后，他与比自己高两届的学长河井宽次郎相识，又结识了柳宗悦和英国陶艺家伯纳德·里奇（Bernard Leach，1887—1979）等后来肩负起民艺运动重任的伙伴们，与他们有了深入的交流。

所谓民艺，是指从寂寂无名的工匠手中诞生的日常生活用具及其创作活动，是民众工艺的缩略语，属于新造词。1926年（大正十五年），由思想家柳宗悦等人开始倡导，进而发展成一种生活文化运动，它致力于发现诞生于各地的风土、植根于日常生活的日用工具中的“健康之美”。

赴英，被民间座椅所吸引

二十六岁那年，滨田受里奇的邀请远赴英伦，与后者共度了近四年的创作时光。这里的生活让他与西洋的椅子为伴，他被那些由无名工匠制作出来的民间座椅深深吸引，其中有温莎椅——一种将圆棒形的椅腿和靠背插入座面成型的椅子，以及用Rush（灯心草和香蒲草等植物的总称）编结成座的“Rush Bottom Chair”等椅子。

其后不久，他因关东大地震而回国，却没有停止向日本介绍优质的西方座椅。后来，他又与柳宗悦一起再度赴英，并从英国引进了三百把椅子到日本出售。

精通外文的滨田积极在世界各地演示陶艺制作，举办展览会，并在他所到之处收集各种民艺品。他非常关注社会底层的民众的生活，只要听说有值得一见的好东西，即便连当地导游都认为不够安全的地方，他也甘愿冒险前往。

1963年，六十九岁的滨田去美国、墨西哥、西班牙等地周游了十个月。就在这次旅行中，在西班牙南部安达卢西亚的瓜迪克斯（Guadix），滨田亲睹了当地工匠用木工具熟练地切削原木、迅速制成椅子的情景。其形制比英国的“Rush Bottom Chair”更朴素，当他得知这种椅子在当地历史悠久且至今活跃于百姓的生活时，惊讶不已，并写下了这样的文字：

> 一头驴背来成捆的细长木料，由孩童卸下，丢到院子里，一个男人立即上前分选，用相应的材料制作前短后长的椅腿。只见他双手握住刨子的手柄，刨去圆材的外皮。比照样品的尺寸开孔，以插入棱木。加工得略宽的棱木用于靠背，稍窄的用于椅腿，眨眼之间便将它们装配完成。由于是原木生材，切削得带有棱角的棱木尚冒着汁液，就被敲进圆孔中。随着木材的干燥，它们会咬合得很紧。如果掐表计时，只需十五分钟即可完成一把椅子的骨架。做好八个骨架之后，小孩子又将它们固定在驴背上，用干草编结座面。七八年前，每把椅子的售价为270日元。
>
> （《乡村的椅子》，《世界的民艺》，1972年）

在《世界的民艺》（滨田庄司等著）中以《乡村的椅子》为题介绍了梵高椅。

在百货商场的企划展上销售

转年，即1964年，滨田在东京日本桥的三越百货举办了一场展销会，将从西班牙和墨西哥采购来的五千件民艺品集中展售。展览颇具规模，并得到了西班牙大使馆的赞助。伯纳德·里奇和西班牙大使也出席了开幕式。这些来自瓜迪克斯的座椅，被成排摆放在会场中心区域。其中有小号的儿童椅，也有椅腿和靠背板由机械加工成圆柱形的款式。这里就是梵高椅初次亮相日本的舞台。只是那时，滨田还未使用“梵高的椅子”这一称呼，而是唤其为西班牙的乡村座椅，或吉卜赛人的手工椅子。

说来，1964年也是东京奥运会召开的那一年，日本正处于经济高度增长的时期。同年又开放了海外旅行，民众的视野开始向海外拓展。当时，滨田已获得了重要无形文化遗产保持者（“人间国宝”）的荣誉，并接替柳宗悦，成为日本民艺馆的馆长，正处于事业的成熟阶段。民艺的繁荣气势聚集了不少目光，滨田精选的西洋民艺品因而乘势热销。据记载，展览期间共售出了五千件展品中的四千五百件之多。据到过现场的人介绍，梵高椅每把售价为二千到三千日元。

西班牙民艺展的海报。

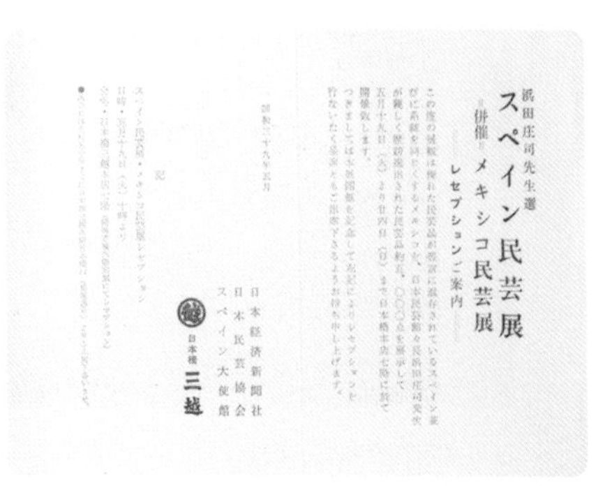

西班牙民艺展的招待请柬。

梵高椅在会场中央成排摆放。

滨田庄司在开幕式上致辞。

1 伯纳德·里奇也光临会场。

2 展览图册中出现了"盛况！"的字样。吸引了众多的参观者，共售出四千五百件展品。

3 儿童椅及部分椅腿和靠背采用机械加工的座椅也于展览现场展出。

走向日本各地的民艺馆

滨田庄司在日本售出了多把梵高椅，也将它赠予各地的民艺馆和民艺运动的伙伴们。他希望大家能够欣赏到海外的优秀民艺品，从中获得启发，而其平易的价格也让他没有赠送的负担。

日本民艺馆　东京都目黑区

东京驹场的日本民艺馆中收藏着一把梵高椅。1961年，柳宗悦仙逝，滨田庄司出任民艺馆馆长，两年后才有了他的西班牙之旅，故可以推断，是他亲自将这把座椅添加到藏品之中。

梵高椅并非常设展品。

鸟取民艺美术馆　鸟取县鸟取市

由吉田璋也（1898—1972）先生创建的民艺美术馆。吉田与滨田庄司是同代人，他也受到柳宗悦的感召，战前就参与到了民艺运动中。他的本职是医生，同时也以“民艺设计师”的身份，设计过许多家具和陶器，并因此而闻名。该馆中也有一把梵高椅，椅腿上贴着一个写有“吉田璋也先生　滨田庄司”字样的标签，可推断为滨田亲笔所书。

梵高椅并非常设展品。

美术馆的创建者吉田璋也。

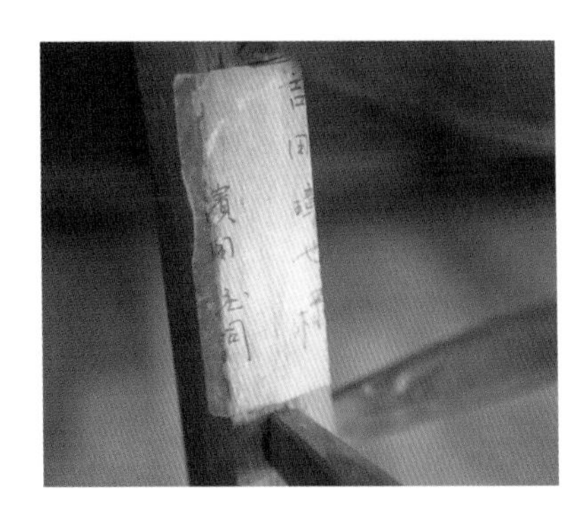

贴有标签，表明其为滨田庄司赠予吉田璋也之物。

松本民艺馆 长野县松本市

长野县松本市是战后民艺运动蓬勃发展的地区之一。

战后不久，尊柳宗悦为师的丸山太郎（1909—1985）成立了日本民艺协会长野县支部，并亲自经营了一家工艺品商店——千切屋工艺店。1962年，在滨田庄司访问西班牙的前一年，丸山创办了松本民艺馆，馆内汇集了从全国各地搜罗的民艺品。1983年，松本民艺馆被捐赠给了松本市政府，并作为松本市立博物馆的分馆向公众开放。馆内展示了三把椅子：一把靠背和前腿经机械加工的椅子、一把儿童椅和一把整体部件都由机械加工成圆柱形的椅子。这些座椅也可见于三越的西班牙民艺展上。此外，馆中还藏有与日本民艺馆和鸟取民艺馆相同的三把椅子。这些座椅也由丸山收集而来。

1 前腿、前枨、靠背的一部分采用机械加工，后腿等其他部位则为手工切削而成。横向背板的形状与日本民艺馆等地收藏的座椅具有共通性。边上是儿童椅，高度约为成人椅的一半。

2 所有部件都由机械加工成圆柱形的座椅。

河井宽次郎纪念馆　京都府京都市

穿过正门进入玄关，土间[1]里摆着三把梵高椅，工作室的入口处也有一把。[2]这几把椅子供日常使用，也开放给来参观的游客入座。河井与滨田是终生至交。1966年，即滨田走访西班牙的三年后，河井谢世，这些椅子是否由滨田相赠，河井有没有实际见过它们，均已无法考证了。

1 土间：日本家宅中不铺地板的区域。

2 河井宽次郎纪念馆由他本人生前的住所兼工作室改造而成，保留了他在世时居住于此的风貌。

1 摆放在纪念馆玄关口的三把梵高椅，来客可以在此换鞋或者小憩。
2 这把椅子亦可自由坐用。

收藏梵高椅的民艺馆、资料馆一览

根据展馆的不同，所藏的梵高椅种类各异。此外，展览方式也各不相同，有的为常设展品，有的仅供企划展出，有的仅为收藏，还有的参观客可以自由坐用……请与各展馆确认之后，再决定出行。

日本民艺馆
东京都目黑区驹场 4-3-33
03-3467-4527

鸟取民艺美术馆
鸟取县鸟取市荣町 651
0857-26-2367

松本民艺馆
长野县松本市里山边 1313-1
0263-33-1569

仓敷民艺馆
冈山县仓敷市中央 1-4-11
086-422-1637

富山市民艺馆
富山县富山市安养坊 1104
076-431-6466

下关市乌山民俗资料馆
山口县下关市丰浦町大字川棚 5180
川棚温泉交流中心(川棚之杜)内
083-774-3855

桂树舍和纸文库
富山县富山市八尾町镜町 668-4
076-455-1184

爱媛民艺馆
爱媛县西条市明屋敷 238-8
0897-56-2110

河井宽次郎纪念馆
京都府京都市东山区五条坂钟铸町 569
075-561-3585

熊本国际民艺馆
熊本县熊本市北区龙田 1-5-2
096-338-7504

爱媛民艺馆

仓敷民艺馆

下关市乌山民俗资料馆

第 2 章

一生痴迷于梵高椅的工艺家
黑田辰秋

黑田对梵高椅产生兴趣，要上溯至昭和初期，他二十出头的那会儿。当时，莫说梵高椅还没有被引进到日本，甚至连座椅本身都还未融入日本人的日常生活。

从一掌可托的茶枣到大型装饰柜，黑田辰秋经手过各个领域的木工艺品，但椅子的作品，数量并不多。可列举的代表作当属这三件：二十三岁弱冠之年制作的“三国庄座椅”，六十岁时为黑泽明制作的“王者之椅”，以及六十四岁时制作的“皇居·新宫殿座椅”。打造“日本人制作的日式座椅”，是黑田终生抱有的心愿。梵高椅为黑田实现这一愿望发挥了重要作用。

与民艺运动家们一起

结识了河井宽次郎和柳宗悦，并参与上加茂民艺协团的黑田，与民艺运动的同伴们计划建造一栋体现民艺理念的住宅，黑田负责其中座椅的制作。大约在同一时期，他在绘画中邂逅了梵高椅。

黑田的第一把椅子

黑田对河井宽次郎的陶艺作品感铭至深，他于1924年（大正十三年）二十岁时见到了河井本人，进而结识了柳宗悦等人，由此涉足民

1928年(昭和三年)12月于大阪每日新闻的京都分社。民艺运动家们因“新春民艺座谈会”的报道文章而汇聚一堂。照片右起为黑田辰秋、青田五良、柳宗悦、河井宽次郎（跳过后方一人），左边是民艺运动的支援者、大阪每日新闻社京都分社的社长岩井武俊。

艺运动。柳宗悦呼吁，工艺家应该通过共同生活来创作优秀作品。为响应这一号召，二十二岁的黑田离开家，加入了上加茂民艺协团。他在京都市内一栋租来的房子里，开始与青田五良（染织家）和铃木实（染织助手）等新晋工艺家们一起生活、创作。

1928年（昭和三年）春，为纪念昭和天皇即位而在东京举办的御大礼纪念国产振兴东京博览会，让上加茂民艺协团迎来初次亮相的机会。他们将为该博览会建造一栋体现民艺理念的住宅。由柳宗悦担纲建筑设计，室内陈设品除汇集了来自全国各地甄选的民艺品之外，还有来自滨田庄司、河井宽次郎、富本宪吉、伯纳德·里奇等民艺运动核心参与者及协团的年轻创作者的作品。

黑田负责制作会客室中的成套桌椅等家具。出生于京都町家[1]的黑田，之前从未体验过座椅生活，这与从小就熟悉座椅的都市人滨田形成鲜明的对照。再加上他的木工技术端赖自学成才，当时背负的压力可想而知。

就在这一期间，黑田在杂志上见到了梵高的画作《在阿尔勒的卧室》。他对画中的椅子很感兴趣，正尝试用北山杉木和稻草绳将其再现。或许在制作用于博览会展出的座椅时，他一直试图从反映西方普通民众生活的绘画中，探求“座椅”这一工具的本质。这是黑田与梵高椅之间的第一个交接点。

---

1 町家：日本传统民家建筑的一种。指提供给商人居住的，同时带有店铺的都市型住宅。作为日式传统住宅，町家建筑里没有座椅，人们往往直接坐于榻榻米或地板上。

御大礼纪念国产振兴东京博览会上展示的“榉木擦漆扶手椅”和“榉木擦漆椅子”。后来整栋建筑迁移到了大阪，建筑物也因地名而改称为“三国庄”，并被朝日啤酒公司的社长山本为三郎购下作为别墅。（朝日啤酒大山崎山庄美术馆藏）

在梵高所作的或可称之为室内画的一系列作品里，我被其中的座椅深深吸引。我也曾想过将画中的“椅子”复刻出来，但众所周知，梵高的笔触粗犷有力，他的作品本身既已如此，更何况是一张小尺寸的复制画，若想从中看出该座椅使用的材料和其他要点几无可能。万般无奈下，我只能取北山的圆材做骨架，用稻草绳编结成座面，除了克服现有条件，别无他法 。

（《西班牙制作的白椅子》,《民艺》，1967年9月号）

那本让黑田初识梵高的杂志，是1912年出版的《白桦》第3卷第11期中的梵高特辑。该杂志由柳宗悦参与创刊，推介过很多海外的新锐艺术家。最早将梵高介绍进日本的，正是柳宗悦等白桦派人士。

将梵高介绍到日本的，是柳宗悦等白桦派人士。这张照片摄于1913年柳宗悦的学生时代，背景里可见梵高《丝柏树》(1889年)的复制品。(照片提供 / 日本民艺馆)

黑田参考柳宗悦提供的西欧家具的资料，制作了一套榉木桌椅，与青田五良的手织布坐垫搭配在一起展出。但是，博览会并非总能收获好评。据记载，可以看到参观者留下了这样的感想：“椅子看着不错啊，坐垫也很漂亮嘛——哎哟，坐上去可就没那么舒服了。”对于黑田来说，它们也绝非令人满意的作品。

由于内部的人际关系问题，上加茂民艺协团结成不到三年就解散了。独立之后的黑田，继续走在工艺之路上，而“日本人制作的日式座椅”，一直是他的命题。翻检黑田留下的资料会发现，尽管他实际制作的椅子数量并不多，却留下了各种类型的椅子写生，力图拓展自己的构想。其中，也有像梵高椅那种将圆木棍组合在一起，用植物编结座面而制成的椅子。

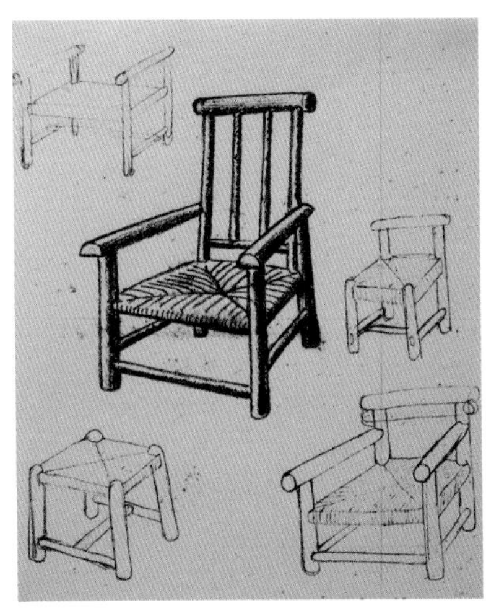

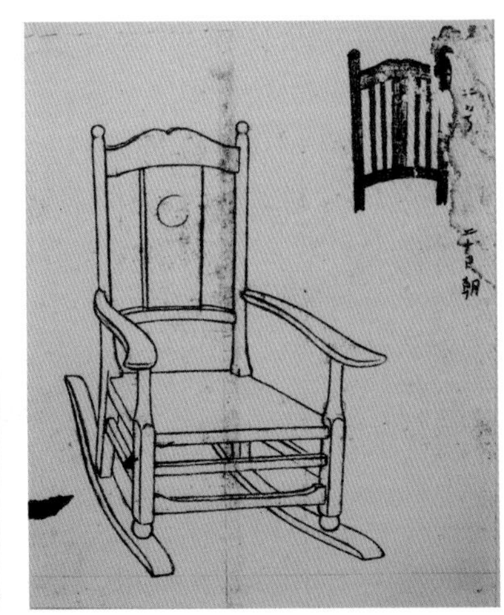

这些是丰田市美术馆原副馆长青木正弘先生保存的黑田辰秋的写生画。青木先生在学生时代曾当过黑田的助手。从图中可以看到类似梵高椅、用圆木棍和植物编结的座面组装而成的座椅。温莎摇椅则于 1949 年进入制作。

有段插曲可以旁证黑田颇为曲折的制椅历程。大约在1951—1952年间，黑田接受了全国林业协会会长、众议院议员北村又左卫门的委托，为后者在京都南禅寺的别墅制作座椅。因北村是奈良吉野的大山林地主，黑田便以吉野杉为原料试做，未料遭木匠抱怨，说这么大的家伙放进去，就把建筑破坏了，这份订单遂无奈流产。与黑田辰秋相交甚笃的作家白洲正子，曾在她的随笔中特意记述过此事。

黑田本人对制椅，亦有如下记述。

> 在那之后，我又做了几把椅子，但是，未曾经历过座椅生活的日本，也不具备滋养这一传统的根基。传统力量的缺失，每每让我痛感，真正深入国民生活的制椅工艺，尚未在日本出现。在突发奇想或是赶时髦的轻浮态度下诞生的东西，不过只是徒增笑料的无聊之作罢了。然换一个角度思考，制椅对于创作者具有强烈的吸引力，如能端正态度，认真开展，它也可成为一项使命，换言之，它是创作领域极具潜力的一片新天地。
>
> （《西班牙制作的白椅子》，《民艺》，1967年9月号）

制作“王者之椅”

就在黑田实际接触到梵高椅时，他正接受电影导演黑泽明的委托，为其山庄制作家具套组。黑泽导演专坐的这把大型扶手椅，即“王者之椅”，也是黑田的代表作之一。

来自黑泽导演的委托

自用北山杉木的圆材试做梵高椅以来，历经三十余载，黑田终于得到一把真正的“梵高的椅子”。1964年，即滨田庄司在三越举办西班牙民艺展的那一年，滨田赠予黑田一把瓜迪克斯的这种椅子。

恰在同一时期，黑田自身也参与了一项制椅的大项目。当时，电影导演黑泽明正在御殿场的山上建造一座可远眺富士山的别墅山庄，委托黑田为该山庄制作一整套家具。其中单是椅子就有十二把，另外还有尺寸巨大的桌子等家具。黑泽明长久以来一直是黑田辰秋作品的拥趸，后来他曾写道：“在黑田先生的作品中，我尤其喜欢可以充分展现木材纹理的擦漆工艺。能够将黑田先生的作品置于身侧，犹如身处沙漠中的绿洲，诚为一桩幸事。”当时，黑泽明正在拍摄《红胡子》，他希望这批家具可以在电影杀青之前完工。第12页的“王者之椅”就是其中之一。

极富厚重感的“王者之椅”

“王者之椅”恰如其名，典雅而不失堂皇之气。它高约130厘米，宽85厘米，座深80厘米，板厚9厘米。从照片上黑泽导演盘腿的坐姿，可感受它的尺寸之大。

“王者之椅”的结构很简单，由四张厚实的橡木板横竖组对而成。中央的雕花图案线条鲜明，造型生动。这一纹样在黑田的作品中反复出现，涵盖了他毕生的创作。

背板的木纹纵向排列，座面板的木纹则为横向，因为膨胀和收缩的方向不同，干燥时背板如发生收缩，则有可能与侧板之间出现缝隙。为了防止这种情况，背板和侧板都用螺栓和螺母从背面相连并拧紧，从结构上来看，是利用外力来抑制木料因自身特性而出现的变形。

与木料干燥之间的搏斗

制作这套家具时，黑田在材料的干燥上遭遇了极大的挑战。他起初想以榉木为原料，却没有找到优质良材，最后选择了岐阜县付知町当地的橡木圆材。刚锯切成材的木板仍含有大量水分，随着干燥会发生收缩、翘曲和变形。急速干燥会导致较大的裂纹，因此使用前的充分干燥很重要。通常的做法是，在木板之间夹上垫条，将其堆叠于通风良好的阴凉处，每一寸（约3厘米）厚的板材，需要干燥约一年，较厚的木板则需时更长。事实上，黑泽明的这套家具是在1962年秋天将原木锯切成材，两年后，即1964年便将成品全部交付，这意味着，当时使用的是没有完全干透的木料。

摄影 / 田村彰英

木料在加工过程中加剧干燥，开始出现无数裂纹。黑田的弟子和前来帮忙的木匠们为了补救，不断将上了漆的薄木片填埋入这些裂缝中，以致工程变得浩大而繁琐。橡木不容易干燥，时至今日，其厚板也需要至少一年的自然干燥和约三周在烘干机中人工烘干的时间，而彼时，干燥技术仍未普及。

关于这套家具制作的各种轶事，早川谦之辅所著的《黑田辰秋：向木工的先驱们学习》一书中有详细的介绍。早川在付知经营木工坊，后来还曾承接染色家芹泽銈介[1]美术馆的顶棚铺设工作，享有一定的名声。当时，他二十岁出头，工坊也才刚开不久。因黑田的弟子曾在付知生活过，早川便通过他与黑田结识，为黑泽明的家具制作提供作业场地，并协助做了很多工作。

1 芹泽銈介（1895—1984）：日本染色工艺家。“型绘染”（按雕刻纹样的漏花板即型纸，将防染糊漏置于布面的一种印染方法）重要无形文化遗产保持者（“人间国宝”）。民艺运动的重要参与者。

帮忙制作圆形餐桌的早川谦之辅。

早川谦之辅,《黑田辰秋:向木工的先驱们学习》,2000 年

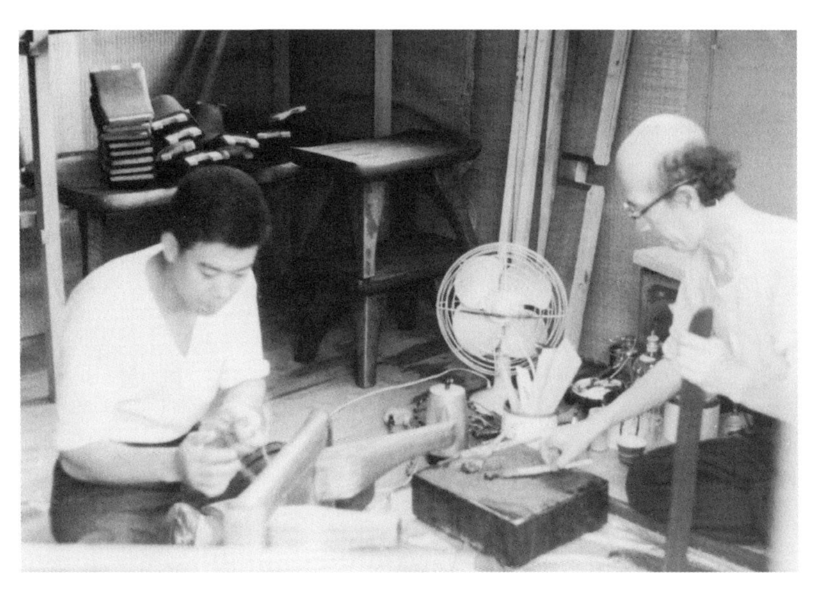

工作中的黑田辰秋与长子乾吉。

1962年秋天，黑田一行于付知的藤山制材锯切木料。藤山制材是画家熊谷守一的本家。此时收割已结束，他们将木材码在空旷的农田上，到来年春天为止，进行自然干燥。

北恵那鉄道
220

1—2 黑田作品中极具特点的曲线，首先用凿子凿形。

3—4 小到可以置于掌心的小刨子被灵活地运用在各种造型作业上。

1—3 伴随黑田终生的雕花纹样，以小刀雕刻而成。

4—5 由于木材干燥得不够充分，随着加工的推进开始出现裂纹。他们将涂过漆的小木片插入裂纹，填埋缝隙。

6—7 材质硬度较高的橡木，需要的是锋利称手的工具。

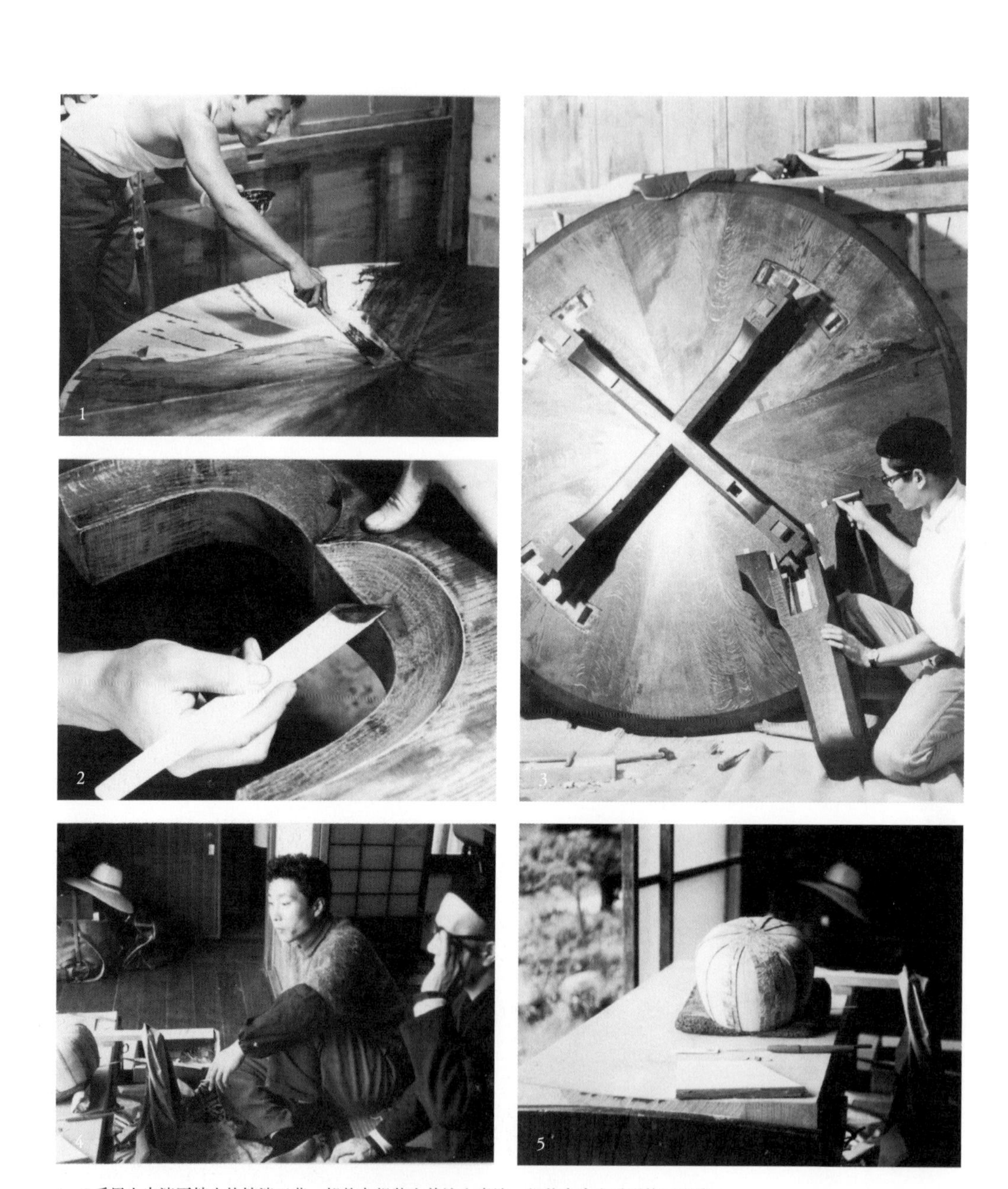

1—3 采用上完漆再擦去的擦漆工艺。部件在组装之前涂上底漆，组装完成之后再施以面漆。

4—5 家具之外，还须制作一部分特别定制品。照片中正在制作第 13 页中出现的水罐的内壁。在黏土的基底上粘贴碎贝壳。

邂逅梵高椅

拥有梵高椅之前，黑田辰秋先通过当时助手之一早川谦之辅接触到了实物。

黑田所不知的梵高儿童椅

黑泽明家具的制作渐入佳境之时，滨田庄司在东京三越举办了展销会，会上展出了不少来自西班牙瓜迪克斯的椅子。收到滨田邀请的黑田，因无法离开工作现场，便建议年轻的助手早川谦之辅前去看看："吉卜赛人制作的椅子很有意思。我太忙去不了，你去看看吧。"

当时早川新婚不久，孩子也快要降生。他动身前往东京，在展销会的会场上发现了这种西班牙椅子的儿童版，买回了两把。围绕这两把儿童椅，黑田和早川之间还发生了一段令人忍俊的小插曲。

> 当椅子送到家时，黑田先生特意来看。他似乎不知道还有这么小的椅子，看入了迷，不住感叹着要用多小的树才能做出这样的椅子来。然后，他突然提出"卖一把给我"。
>
> "是凭着我提供的信息你才买到的嘛。既然买了两把，出让一把给我怎么不行呢？"
>
> 我说那是两码事，拒绝了他。黑田先生无计可施，又问我："现场还有没有货了？"

当时会场中只剩下两把。并且，我坚持认为，即使三越没有，黑田先生作为滨田先生的好朋友，也可以直接去找对方商谈。

“就算是给孩子买的，有一把还不够吗？”

不管他怎么说，我都坚决不卖。明白求购无望，黑田先生的脸色渐渐阴沉了下来，最后他气哼哼的，转身回工作间去了。

（《黑田辰秋：向木工的先驱们学习》，2000年）

从这段描述，既可看出黑田对这种椅子的痴迷程度，也能窥到年轻的木工家早川对木艺大师黑田辰秋的对抗心理。

黑田收到滨田赠送的椅子，应是此次展销会结束之后的事情了。正在与因干燥不充分而状况频出的橡木艰苦搏斗时，滨田告诉他，在西班牙，会直接使用原木制作椅子，敲击部件的时候甚至还会喷出汁液。不消说，听到这样的介绍，黑田一定感到非常惊奇。

关于这把椅子，黑田曾经这样写道：“滨田君赠予我一把与梵高笔下的座椅属于同一系列的、西班牙制造的‘白椅子’。”并表示其“再度勾起了我曾一度消失的对这种椅子的兴趣，点燃了我心中渴望探索的热情”。黑田辰秋似乎是第一个将滨田带回日本的西班牙座椅与梵高的画作联系起来的人。所谓白椅子，是对西班牙原文的直译，这种椅子当时在西班牙被称为“Silla（椅子）blanca（白）”，大概是指未经上漆的原木椅子。

黑泽明的家具套组于1964年秋天制作完成，被运送到御殿场的山庄。而同年的9月21日，黑田辰秋刚好迎来他的花甲之年。家人从京都赶来，聚集到他暂住于付知的旅馆中，为他开宴庆祝。

三年后，黑田再次来到岐阜，投入到他的第三个制椅大项目中。这次要制作的，是正在建造的皇居·新宫殿中使用的座椅。至此，黑田辰秋心心念念的“日本人制作的日式座椅”这一课题，终于迎来了实现的机会。

1964 年 9 月 21 日，黑田辰秋迎来花甲之年。他将京都的家人召集过来，与工作伙伴们一起，在自己常驻的旅馆中举行了庆祝会。

第3章

黑田辰秋记载的
西班牙制椅

接受宫内厅的委托，

即将制作皇居·新宫殿座椅的黑田辰秋，

决定先到滨田庄司曾经访问过的小村子去，

亲自参观梵高椅的制作过程。

创作应以历史的积淀为基础

——这便是黑田辰秋的创作理念。

左页丨在欧洲考察的黑田。由其子乾吉所摄。胶片上记录着“在帕特农神庙下的咖啡馆中”，故可推断是拍摄于此行访问的第三个国家——希腊。

为考察梵高椅而奔赴西班牙

完成黑泽明的家具套组之后，黑田辰秋仍没有停止探索“日本人制作的日式座椅”。而在真正实现这一使命之前，比起守在日本冥思苦想，去拥有悠久座椅生活历史的前辈欧洲亲自体验和学习各式座椅的愿望变得愈发强烈。1966年，在北海道举行的民艺大会上，他与在场的滨田庄司和芹泽銈介谈起了自己的想法，得到了对方的热情鼓励。事实上，芹泽也在那一年实现了自己欧洲之旅的夙愿。那年正逢于1964年开放普通民众海外旅行后不久。

黑田与宫内厅的皇居建设部长高尾亮一谈到了自己的想法，高尾也强烈建议他去欧洲考察，并将建设中的新宫殿里的座椅制作，也委托给了黑田。

皇居·新宫殿的建设始于1964年，也是黑田交付黑泽明家具的那年。新宫殿是为取代在太平洋战争后期被空袭摧毁的明治皇宫而建，由于战后首先要考虑复兴国民的生活，皇宫的重建工作迟迟未能展开。新宫殿的基本设计由建筑师吉村顺三担纲，家具则由日本最具代表性的工艺家们参与制作。

那时，黑田已接到门扇把手和装饰台座的制作委托，并已动工。至于座椅，建设部最初的计划是使用来自法国的椅子，却无法和室内风格协调，最终也委托给了黑田。

如此，长年探索的课题得以在最高的舞台上实现，在欧洲座椅的学习计划中，也因此增添了一个新的目的。黑田终于走出国门，进行了为期约五十天的旅行考察。此时的黑田六十有二，如果除去战前日据时期的朝鲜和中国东北之旅，这是他的第一次海外旅行。同行的还有时年三十二岁、辅助父亲工作的长子乾吉。他们巡游了十多个国家，参观的对象从埃及的古代王朝座椅到丹麦的现代设计座椅，无所不包，而其中的重头戏，是去滨田庄司曾经到访过的瓜迪克斯，考察梵高椅的制作现场。

这次旅行中，黑田携带了一部8毫米胶片摄影机，乾吉带的是静物摄影机。二人拍摄的照片和录像，生动地记录了彼时（1967年）梵高椅的制作场景。

摄影地点不明。或许是某座教堂里的座椅。

寻访格拉纳达的制椅匠

工匠是一位五十多岁的跛脚男子

在西班牙，日本驻马德里大使馆介绍了一名日本留学生做同行翻译。在翻译的陪同下，黑田二人来到了西班牙南部安达卢西亚的格拉纳达，这里是前往瓜迪克斯的交通枢纽。黑田一行首先在这座城市找到一位制椅匠，前去拜访。对方是一位五十多岁的跛脚男子。在一座小房子里，约20—25平方米的作业场地中摆放着工作台和五六把成品座椅。起初，制椅匠对这些来自海外的不速之客想参观制椅过程有些困惑不解，在与另一位座面编结工匠商量之后，还是应允下来。

为了便于拍摄，黑田等人请求对方将工作台从室内搬到明亮的户外，用8毫米胶片摄影机记录下了椅子的全部制作过程。

黑田手中的8毫米摄影机，影像镜头从工匠用手锯切割圆材开始。圆材直径约5—6厘米，没有标尺，只是将木料比在已经组装好的后腿上，估量出前腿的长度进行锯切。这根削去表皮的圆材，直接就用作前腿（第66页图2）。帮忙递材料的大概是这位工匠的女儿吧。有些圆材直接使用，有些则锯割成两半。切削这些锯成两半的木料，用来制作连接前后腿的座框、枨子以及背板（第66页图3）。

用一把刀粗略切削

刀具的两侧都安装着手柄，很像日本的桶匠使用的那种叫作“铣”的工具，但是相对于日本铣刀的拉削动作，西班牙的铣刀采用的是推削手法（第67页图5）。座框两端插入椅腿中的被称为“榫头”的部分，也是用一把刀来加工完成的（第67页图6）。

格拉纳达的制椅匠与黑田。

1. 为方便摄影，特意请工匠在户外作业。
2. 估量前腿的长度进行锯切（来自黑田辰秋的 8 毫米摄影胶片）。
3. 工匠叼着烟卷在工作。在一旁帮忙的小朋友像是他的女儿。

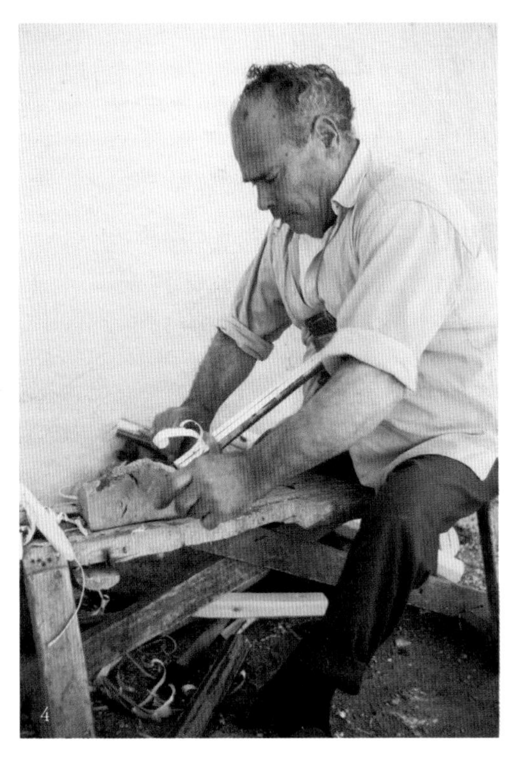

4. 正在刨削座面部分的边框、座框。胸前挂着一块木板，将材料抵在前胸和工作台之间使其固定，用刀具刨削。
5. 铣刀的推削。　6. 制作榫头，用一把刀完成。

通常在木工上，对榫头有很高的精度要求。榫头必须与开在椅腿上的卯口铆合紧密，以免组装后产生松动。但在这里，榫头不过是用一把刀嘁哩喀嚓削几下便加工完成。见此情景，黑田一定惊讶无比。

开卯口，整体组装

在前腿上开卯口时，将手摇式钻头抵在胸板上，左手按住物料，右手转动钻头（第69页图7）。

接着进入整体组装。座框和背板上发黑的条纹，是圆材的芯部，名为木髓（右页图9）。可见，这些部件是由锯割成两半的圆材加工而来。木髓也可见于后腿的木口（截面）中。通常，随着圆材的干燥，木料会从中心开始径向开裂，出现放射状的裂纹，因此，在建筑结构材料中虽然可以将其作为芯材直接使用，但却很少将圆材直接用于家具的制作。看来，木料取自一种不易开裂的树种。黑田似乎对此也兴趣盎然。

组装后进行最后的精加工（右页图10）。后腿的顶部经过倒角处理，使之触感平滑。此时，刀具以拉削为主。从黑田拍摄的录像画面中可以看到，工匠手法灵巧地翻转刀具，时推时拉地切削。目睹了整个制作过程的黑田，如此描述当时的兴奋心情：

> 就像迄今为止我们所见的一切民艺领域的手工，这种制椅工作同样无法考求制作者和具体制作时间。它只是工匠凭借数十年积累下来的经验和技巧，以流畅的速度和准确性，选择和处理天然木料，再将其制成型的一个过程。我用8毫米摄影机的镜头忠实地记录下这个过程，随时关注着取景器中的画面，避免出现任何偏差，力求捕捉到哪怕万分之一的真髓。
>
> （《西班牙制作的白椅子》，《民艺》，1967年9月号）

最后，由另一位工匠编结座面（右页图11）。一边确认着接头、粗细和弹性，一边将未经加工的原料拧成绳股，进行编结。

考察过第一间工坊之后，黑田形容自己“心情明朗，仿佛获得了解放”。

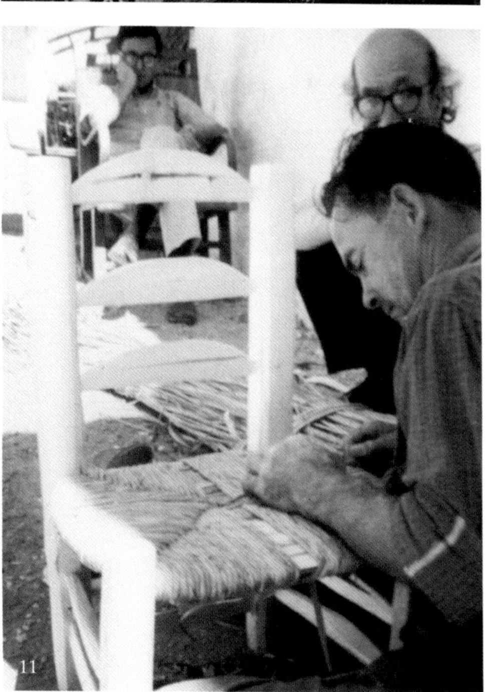

7. 在前腿上开卯口。 8. 将两条前腿组装起来之后，开卯口用来连接前后腿。
9. 整体组装。 10. 组装完成后进行修边倒角。 11. 座面的编结由另一位工匠来完成。

前往滨田庄司介绍的瓜迪克斯

制作各式座椅

从黑田的考察笔记可以了解到，他们一行人从格拉纳达沿着尚未修完整的红土路行驶了大约两个半小时后，抵达了瓜迪克斯。

这间工坊比格拉纳达的要大得多。院子里白杨木的木料堆积如山（右页图）。

这里可以制作各种椅子，除了带有三块背板的所谓梵高椅之外，还有椅腿和靠背以机械加工制成的座椅和儿童椅等。其中不乏与滨田在三越举办的展销会上一致的商品。

工坊主是一位面容和蔼、五十岁上下的工匠（下图），包括主人在内，这间工坊共有四位男性工匠。

工坊的主人（右）和担任翻译的日本留学生。

制椅材料堆积成山的工坊院落。

完成一把椅子的骨架只需十五分钟

另一个房间里，一位工匠正用电动圆锯将圆材切成既定长度。主人一边搬运物料一边发出指令，一位工匠负责削木，另一位工匠进行开孔和组装作业（第74页图）。在他背后的墙壁上，挂着需双手握持的刀具和半圆形的手摇钻，这些工具也见于格拉纳达的工坊。

与格拉纳达的做法相似，按前半部分、后半部分，再到整体的顺序组装。过程中没有使用防止划伤的垫板，而是使用金属锤敲击。早前访问过此地的滨田曾在文章中提到“完成一把椅子的骨架需要十五分钟”，可以想见组装速度之快。

黑田的随行手记中，多年夙愿终获实现的兴奋心情跃然纸上。

> 我全然满足地融入到所处的环境当中，为了将这里的氛围呈现在8毫米的底片上，我房前屋后地转来转去，前文提到的那条串种狗儿此时刚好睡醒，冲我一阵乱吼，场面不无狼狈。此情此境如果用南画来描绘，正是一幅《春昼平稳》的景象。
>
> （《西班牙制作的白椅子》，《民艺》，1967年9月号）

黑田辰秋对这种西班牙座椅给予了高度的评价：“作为当代的民艺木工椅，它所拥有的内涵可与中国的曲木椅[1]比肩，堪称座椅界里的双璧之一。”

---

1 曲木椅的说法指其工艺（通过加热将木料弯曲成型），中文里则据其外形称为“灯挂椅”。本书中保留日语原文说法。——中文版校注

杂物间兼仓库里堆放着已经制作出来的两三百把椅子。

与格拉纳达的工坊不同，这里也制作机械加工的座椅和色彩鲜艳的儿童椅。

照片中右边的工匠正在切削木料，另一个人在开孔、组装。

用铣刀为椅腿的端头倒角，不用挡板直接敲击，转眼间就可以整体组装完毕。

结束了约五十天的行程后，黑田于7月17日返回日本。见识过西班牙的梵高椅，也饱览了欧洲的各式座椅，从它们的余影中，皇居·新宫殿的座椅轮廓是否已然清晰可见?

和工坊的主人(后排中央)、工匠们、家人一起拍照留念。右二为黑田辰秋。

[小栏目] COLUMN

弘法亦有笔误时，制椅匠也……

梵高椅的背板正面平坦，背面却被加工出坡度，并做了倒角。在黑田辰秋和乾吉拍摄的格拉纳达的制椅照片中，背板的背面同样被切削成倾斜的形状。另外，通过瓜迪克斯的制椅照片，也可以看出背面经过了大幅度的切削。

但是，若仔细观察分散在日本各地的梵高椅，常能发现有些背板的安装颠倒了。日本民艺馆所藏的梵高椅就是明显的一例。中间的那块背板安反了（下图）。

柳宗悦曾说过，在惊人的速度和无尽的重复下，无名工匠的技能已臻于完美，自然之美就诞生于日用杂货中。黑田辰秋看到了梵高椅的制作，也对匠人们凭借数十年的经验和技能，以流畅的速度和准确性来选择和处理材料深为赞佩。但是，偶尔出错也在所难免。

东京驹场的日本民艺馆所藏的梵高椅，
中央的背板安反了。

格拉纳达工匠在制作椅子。

瓜迪克斯的工匠在制作椅子，背板的背面切削度较大。

第 4 章

挑战皇宫座椅

结束了欧洲考察，

黑田辰秋立即开始着手试做皇居 · 新宫殿的座椅。

匆匆游览过西洋座椅的历史后，

也终于迎来长年的课题“日本人制作的日式座椅”

得以被实现的时刻。

与飞驒的工匠携手制作新宫殿的座椅

宫内厅委托制作的椅子，准备放在新宫殿的千草厅和千鸟厅。两个厅堂相连，用于谒见天皇陛下。给黑田的订单中除了三十把椅子，还包括了十张桌子和两个花台。因黑田在京都的工作室空间有限，最

黑田辰秋设计的座椅被安置于新宫殿的千草厅及千鸟厅。

后决定由他担纲设计，由岐阜县高山市的大型家具制造商飞騨产业负责制作。设计和制作分开，数量又具有一定规模的作业，于黑田也是初次尝试。选择飞騨产业，不仅因对方擅长座椅制造，还因该企业当时的社长日下部礼一先生是曾担任过高山市市长的社会名流，也是飞騨民艺协会的会长。

精心构思

以中国的曲木椅为原点

从欧洲回国之后，黑田立即动身前往高山市。设计伊始，他将一把古民艺座椅带进了飞驒产业。那并非他在西班牙考察过详细制作工艺的梵高椅，而是一把中国的古典曲木椅。关于这种座椅，黑田曾在制作黑泽明家具时对早川谦之辅留下过着这样的话："你说想做椅子，我当年在中国东北曾经见过非常棒的曲木椅。"

在飞驒产业拍摄的中国曲木椅。

当早川向黑田的弟子询问曲木椅的细节时，对方告诉他，那是“(黑田）一直挂在嘴边的座椅”。黑田曾于1944年（昭和十九年）访问过中国东北，指导陶瓷器制作。可见在长达二十年的时间里，他对这种座椅始终念念不忘。如前文所述，在欧洲的考察笔记中，他还曾将曲木椅与梵高椅并称为“当代民艺木工椅双璧”。

曲木椅的一大特征，在于它的前腿和后腿是用一根木料曲成的。转角处的内角经过大幅切削加工，形成弯曲。在中国还有同样构造的竹椅。而这一曲木椅也藏于日本民艺馆中，想必是民艺业界人士间通晓的一种物品。黑田也曾写生过这种椅子。写生画上的日期为1964年(昭和三十九年)7月2日，即接到宫内厅订单的三年之前。可以说，黑田早已在心中将曲木椅作为实现自身课题的一个标本。

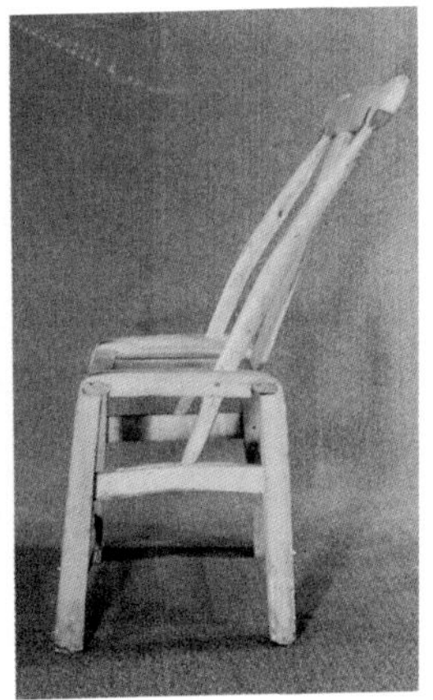

带到飞驒产业的中国曲木椅。

日本人制作的日式座椅

对于挑战皇居·新宫殿的座椅时的心境，黑田如此阐述：

> 对这把椅子放置的场所和周围环境予以考量的同时，不单纯地止于协调性，还是要以创造为主轴。换言之，将“日本人创造的座椅”这一命题实现的愿望并未改变。再换言之，当世界上其他国家的人看到它，都会承认它是日本独有的。这一愿望在心中愈发强烈。
>
> （《千草千鸟厅的小座椅套组制作记》，《新宫殿千草千鸟厅》，1969年）

黑田始终思考的这一命题，也在当时的工业设计领域中产生回响，一部分作品在世界范围内受到了高度赞扬。

自战前以来，座椅的研究一直由日本工商部工艺指导所主导。丰口克平和剑持勇等官方设计师从战时起就开始研究人体工学，一直致力于现代座椅的设计。1960年，由剑持勇设计的“Rattan Round Chair”被纽约现代艺术博物馆（MoMA）列为永久收藏品。他将藤这种东方素材巧妙地融于现代感设计，获得了很高的赞誉。

另外，工业设计师柳宗理在1956年设计的“蝴蝶凳”，使用一种名为模压胶合板的新材料，以简洁的造型展现日式美学。第二年，这只凳子在米兰三年展上获得了金奖。柳宗理是民艺运动领袖柳宗悦的长子，黑田谅必对“蝴蝶凳”也有所耳闻。

引领日本座椅设计的，正是这些美术工艺学校的毕业生和官方设计师等精英人士。

以“野人”自居

作为工艺家，黑田辰秋拥有四十多年的从业经验，尽管他的声誉已无人能撼动，但他的木工手艺属于自学成才，在座椅设计和制作上难称老手。对此，他一定压力重重。项目完成后，黑田写道：“像我这样一介野人，在集结了现代日本巅峰之作的新宫殿中，也终得以贡献了一技之长。”从“野人”一词，不仅能感受到他背负的压力，也透露出他凭一己之力开拓木艺领域的那份自矜。

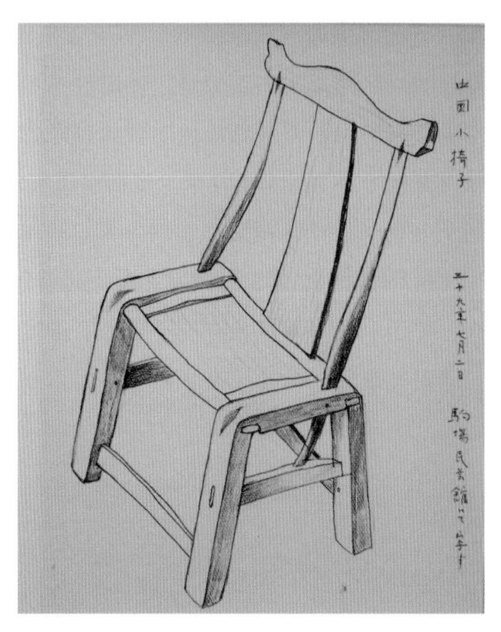

黑田在日本民艺馆写生的中国曲木椅。标注日期为“（昭和）三十九年七月二日”，正是制作黑泽明家具的时期。

从试做到完成

三轮试做和改良

试做始于1967年7月，前后共进行了三轮，终在1968年春天确定了方案。

第一轮（9月）试做了两种款式。一种结构接近于普通的西式座椅，后腿向上延伸以支撑靠背；另一种的结构则接近中式座椅，前后椅腿相连。最终保留了后者。

第二轮（10月）同样试做了两种款式。两者背板都呈一定弧度，靠背也都设计得较高，区别只在高度不同。黑田参观了千草厅及千鸟厅的现场后，发现层高不低，为与之协调而做此方案。最终较高的座椅被采纳，靠背高度从约78厘米增至1米，座面高度也从40厘米增至44厘米。至此，所有的试制品包括座面在内，都只是单纯的木结构。

在第三轮（11月）试做时，黑田对靠背和座面进行了包饰。据此，确定了最终形式，并于1968年6月与宫内厅签署了正式的合同，开始进行批量生产。此时，距离交付日只有半年的时间。

与种种困难缠斗

新宫殿的建筑和家具皆是日本出产、日本制造的顶级品，基于此方针，该项目的木料拟定选用宫崎县高千穗产的栗木。为了避免出现黑泽明座椅制作时遇到的干燥问题，他们将栗木的板材在温暖的静冈县放置了约四个月后，又进行了人工干燥。未料烘干作业进行得并不顺利，最后只能紧急从富山县调用了优质的旧建材。量产于飞騨产业的主力工厂进行。

在造型方面，黑田对细节的讲究体现在每一个细微之处。他在飞騨产业的工匠面前亲自演示削木，再让他们试做，且不止一次因对成品不满意而下令重做。

涂装使用了昂贵的纯日本漆料，采用须反复进行二十次上漆和打磨的“朱溜[1]蜡色饰面”工艺。由于漆需要适度的温度和湿度才能干固，因此涂装不在飞騨产业的工厂，而是在社长家的土藏[2]里完成的。当时的社长日下部出身于名门望族，其家族自江户时代起就一直担任幕府的御用商人，其宅邸作为飞騨工艺的代表性建筑，被指定为国家重要文化遗产（现作为日下部民艺馆向公众开放）。当时在涂装期间也遭遇了种种挑战，先是6月时遇到了雷暴天气，主力工厂因遇雷击而发生火灾，惨遭焚毁，所幸座椅们幸免于难。到8月，飞騨产业的工会突然紧急罢工，好在参与制作座椅的工会成员在前一天晚上察觉到罢工的动向，悄悄将座椅从工厂搬入社长的家中，制作得以照常进行。

1 溜：在底漆上涂透漆后形成的颜色和其上漆方式。由于透明的漆液本身带着茶褐色，溜涂的色彩往往也带着茶色调。

2 土藏：日本传统木建筑的一种，外壁以土墙施灰泥。最早作为仓库使用。

第一轮试做。左边两把接近西式座椅，后腿上下一木连做。右边两把则接近前后腿相连的中国曲木椅。最终右边的方案被采纳。

第二轮试做。靠背增高了。右边一把的靠背高于左边，且靠背板带有一定的弧度。最终高椅被采纳。连接左右腿的中央枨子也做出了弧度。

第三轮试做。靠背和座面进行了包饰。基本接近于成品时的状态。

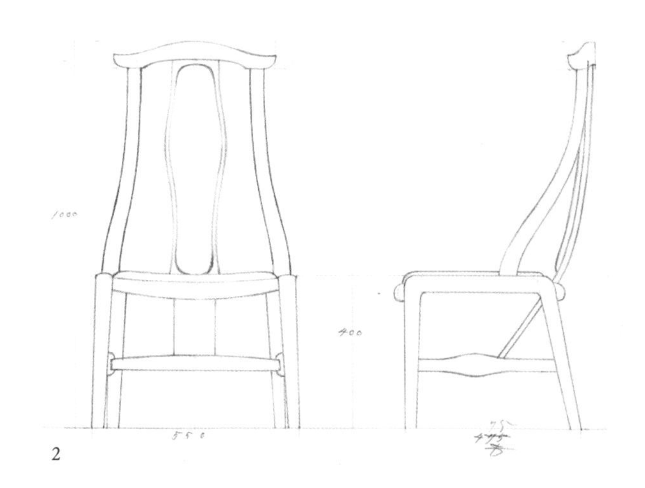

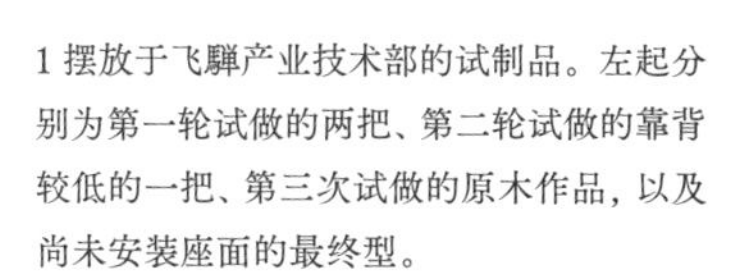

1 摆放于飞驒产业技术部的试制品。左起分别为第一轮试做的两把、第二轮试做的靠背较低的一把、第三次试做的原木作品，以及尚未安装座面的最终型。
2 黑田绘制的最终型的图纸。可以看出靠背加高的涂改痕迹。

完成后的皇居·新宫殿的座椅。

靠背背面的装饰扣采用了正仓院的纹样，既起到了装饰作用，也掩盖住了固定靠背板的钉子。

身为漆匠的执着

黑田的家具多使用榉木和橡木，而这次使用的栗木，在日本的树种中属于导管（构成木纹的管道）较大的一类，如果正常上漆，漆料会在导管处洼陷，以致木纹浮露，顶级制品当然不会允许这样的情况出现。因此，要使用砥石粉等来填充导管，跟正常上漆相比，须施以更厚的面漆。而在最初试做时，黑田对成品效果不甚满意，他对漆匠说："这种刷浆式的表面处理万万不可。"下令将漆料全部磨去，重新上漆。正是因为出身于漆匠之家，黑田才会对涂装如此苛刻。

通常而言，顶级髹漆[1]需要三年时间方能完成，而这些座椅必须要在四个月内完工。随着交货日期渐近，大家使出浑身解数，精益求精。最后一个月更是夜以继日地赶工。据说，工匠们靠请医生注射强壮剂来保持工作的精力。黑田本人也每天在住处和生产现场间往返，通宵作业时也一直守在一旁。

交付两年后，成就"人间国宝"

一切努力终未白费，12月1日，黑田终于将三十把椅子、十张桌子和两个花台交付给了新宫殿。在此之前，飞騨产业为员工们举办了一场内部展示会。当时的资料照片上，几个穿着厨师服的女职工探出身体，仔细地观赏光滑的座面（第97页图2）。不仅对参与制作的工匠，对全体员工而言，这一刻都值得自豪。

1 髹漆：把漆涂在器物上。

完成的座椅融合了黑田特有的造型和他对“日式座椅”的思考。椅腿和靠背的曲面优雅，男性化的结构美感和女性化的温婉气质并存。过去他在中国东北见到的椅子，成为其结构的铺垫，同时结合了可以见之于李朝装饰柜的剑留[1]设计，而顶端横梁与左右两条靠背柱构成的形状，呼应朱溜漆的色彩，宛若日本的鸟居。对于起源于西方的椅子，他并不照搬其形制，和大部分流入日本的外来文化一样，经由中国大陆和朝鲜半岛的影响，最终升华为日本独有之物——黑田辰秋的创作里，能窥见这份抱负。

黑田本人在制作后记中，对竭尽全力的工匠们表达感谢之余，也流露出对“制椅”这一长久以来的课题所抱持的无以松懈的紧张情绪。

> 任何艺术作品，只要还留存于世间，为其承担责任就是使之降生的创作者的宿命。不仅如此，还要承受各种毁誉褒贬的苦恼。完成这套座椅已过去三个多月，我却无一丝解脱感。
>
> （《新宫殿千草千鸟厅》，1969年）

从极具黑田风格的表述中，能感受到那股不言弃的精神。

他所达成的卓越技术获得了高度评价，两年后，黑田辰秋被认定为国家重要无形文化遗产保持者，即通常所说的“人间国宝”。这是木艺领域首次有人获得该项荣誉。

1　剑留：衔接木头的方式之一，结构类似于榫卯中的剑榫。

1. 主力工厂的批量生产。集中了全公司的技术人员投入制作。

2－3. 无法用机械加工的曲线，就用刨子等工具刨削成形。

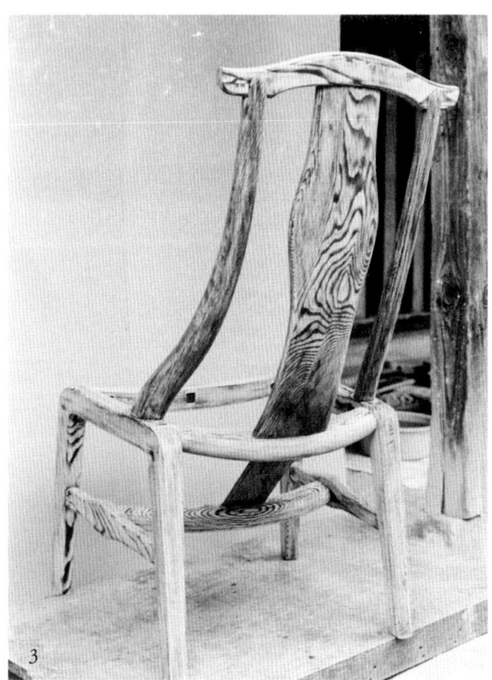

1. 在土藏进行髹漆作业。除了飞驒产业的涂装匠人和黑田辰秋的弟子们，黑田的两个儿子以及东京、金泽的美术大学的学生也前来驰援。 2. 黑田亲自调漆。 3. 栗木的导管粗大，即便涂上漆料，干固后也会洼陷，显现木纹。
4. 涂装过程中，黑田确认预组装效果。 5. 滨田庄司（右一）也到高山来激励黑田的工作。

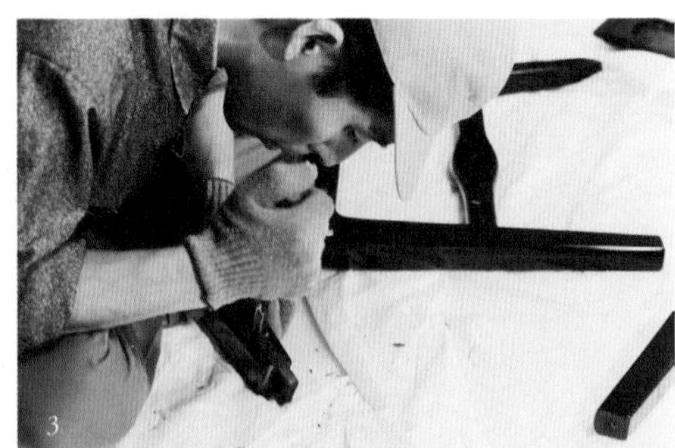

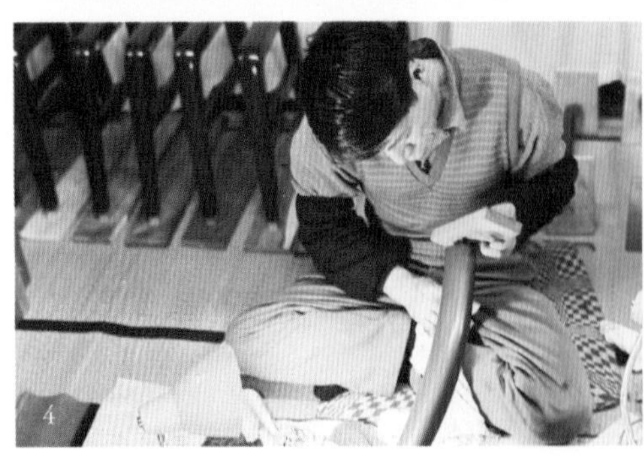

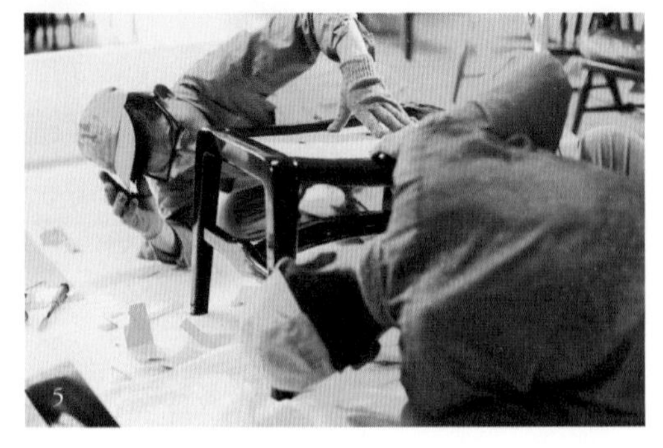

1. 在中庭吃午饭。季节从夏推移至秋，交货期日益迫近。 2. 待底漆干固后，再上一层朱涂，两层溜涂，最后上蜡色面漆。
3. 在土藏中进行面漆涂装。 4. 涂装结束，用凿子调整接合部位。 5. 在飞驒产业的技术部彻夜进行组装工作。

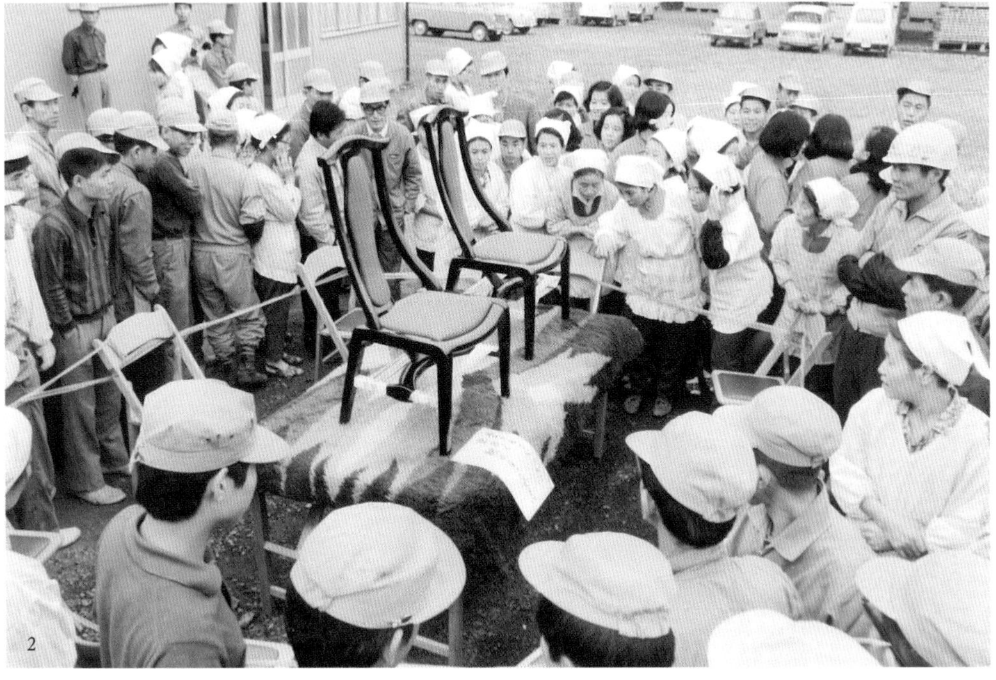

1. 黑田也陪在通宵工作的现场。这一时期，经常会接到宫内厅打来的电话询问交期，现场充溢着紧张的气氛。

2. 面向员工的内部展示会像节日一样热闹。

接合部位用木钉，还是……

如果从背面观察梵高椅，可以看到最上面的背板是以木钉固定的（右页图 1）。从侧面看，连接前后腿的枨子，两端也是用木钉固定的（右页图 2）。这些部位固定好之后，四条腿还可以通过座面的编绳进一步连接在一起，整体不会散架。

在黑田和乾吉摄于当地的照片中，也可见这种木钉的身影。其中包括固定靠背两端的开孔（右页图 3）和将木钉钉入下方枨子中的作业。工匠的嘴里还叼着木钉（右页图 4）。

不过，梵高椅中亦有不使用木钉，而以黏合剂固定的例子。后者的枨子端头会有白色物质溢出（右页图 5）。

我在互联网上找到了一部关于制作瓜迪克斯椅子的影像资料，拍摄于 1979 年。片中在组装时，有一个镜头显示，背板和枨子的一头插进了装有胶黏剂的容器中。滨田庄司以及黑田访问瓜迪克斯是在 20 世纪 60 年代，胶黏剂应该是在其后才开始普及。看录像就会发现，那里的工匠对胶黏剂是否溢出并不在意。可见，即使固定木材的技术发生了变化，其豪爽的制椅风格依然没有改变。对于梵高椅的制作，速度才是生命。

1－2. 使用木钉的梵高椅
5. 不是用木钉，而是使用胶黏剂制作的梵高椅。

第5章

黑田辰秋的支持者

有这样一些人，他们作为弟子或助手，
作为家人或者民艺运动的伙伴，
一直在黑田辰秋的身边支持和守护着他的工作。
对于黑田与梵高椅，
每个人都拥有一段独特的回忆。

左页 | 1972年，黑田家的客厅兼餐厅的景象。这里总是宾客满堂。左侧的门楣上方挂着河井宽次郎和滨田庄司等人制作的大盘子。

“父亲与黑田先生尊重中亦有对抗，是超越父子的情谊。”

早川泰辅（Taisuke Hayakawa）

木艺家早川谦之辅的长子。他继承了父亲建于岐阜县中津川市的“杣工房”，并以一级建筑师的身份经营着“早川泰辅事务所”。从家具到木造建筑，涉足的木工领域广泛。

参与过芹泽銈介美术馆内装工程的父亲——谦之辅

早川谦之辅在协助黑田辰秋制作黑泽明家具套组之后，成立了自己的工作室杣工房，做了四十多年的木工，一直到2005年去世。早川谦之辅一生制作了很多木制家具和小型木艺装置，这些作品摒弃了多余的装饰，同时彰显了木材的特性。早川谦之辅还是一位作家，除了前文介绍的《黑田辰秋：向木工的先驱们学习》之外，他还撰写了《木工的故事》《木艺世界》和《由木而学》等著作。

杣工房由其子泰辅继承下来，现在仍在中津川运营。泰辅小时候，幼儿园就在工坊的隔壁，他常一放学就窜进工坊，缠着父亲的弟子陪他一起玩。从那时起，他就有志要继承父亲的事业。

谦之辅于四十岁时接到的一个大项目，是染色家芹泽銈介的美术馆的内装工程。应建筑师白井晟一的委托，他要为760平方米的展厅做吊顶，整个天顶都用留有铣刀切削痕迹的橡木板铺设，以达到白井所要求的"Primitive（朴素）却精致的外观效果"。铣刀正是制作梵高椅的西班牙工匠们使用的刀具。在整个工程中，谦之辅带着五六个弟子，完成了橡木板的切削和铺设作业。值得一提的是，出生于京都的白井晟一是黑田小学时的同班同学，似乎冥冥之中，某种神奇的因缘连接在黑田和早川之间。

初中时，泰辅随父亲一起参观了正在兴建的芹泽銈介美术馆，颇受震动。当时，白井曾对他说："泰辅君，男人就该做建筑师。"他对此印象深刻，立志从事建筑，在大学进修的便是建筑，加上木工技艺的训练，使他在木工和设计两方面皆有所成就。

铣刀则已成为杣工房的商标之一，也是泰辅在木工作业时置于身边的一大工具。

"SUYA" 西木店。建筑和家具分别由泰辅和其父谦之辅担纲设计。大大的店招使用的也是一整张栗木板材。

位于中津川市的栗金团老铺“SUYA”西木店，是泰辅与父亲合作完成的项目之一。谦之辅为该店制作了家具和日常用具，泰辅则担纲建筑的设计和施工。为彰显栗子点心名店的风范，他们用栗木打造了所有一切。

被用作玩具的梵高椅

当聊起当年的梵高儿童椅，泰辅很快把它们找了出来——父亲谦之辅在滨田庄司的展销会上购得、并拒绝出让其中之一给黑田的那两把椅子。“对我来说，它更像是一种骑乘玩具。我们家住的是旧式的榻榻米老房子，所以很少有机会坐椅子，更多的是骑在上面玩耍。有时会把它翻过来斜放在地面，爬上爬下地玩；有时候还抱在胳膊上当机关枪使；或者，将两把椅子组对在一起拼成床，假装在上面睡觉。家父完全不介意弄脏或刮伤，但是如果玩得太过火，他就会呵斥：‘这是谁家的熊孩子！’有时候，我还会把它们拿到屋外去，跟姐姐两个人一起在外面喝茶。”

谦之辅买这两把椅子的时候，泰辅和他姐姐都还未出生，家里并没有小孩，他为什么不肯出让一把给黑田呢？

“我认为黑田先生和家父之间，存在着一股相互较量的张力。黑田先生有孩子气的纯真一面，而家父虽年轻，却很骄傲，不畏惧大师。我的祖父和父亲间父子关系过于森严，日常会话都会使用敬语，在外人看来，谦之辅就像是领养来的孩子。黑田先生和家父的关系反而更像父子。黑田先生会责骂家父，家父也会回嘴。虽然他书上写得很和谐，但事实上，他们二人就像是一对经常较劲的父子。”

制作黑泽明家具套组时期的情景。看来像是大家一起外出放松。

谦之辅和坐在旁边的黑田带着同款贝雷帽，也许是黑田赠予他的礼物。

“我尊重他，但我不是弟子！”

我曾听闻，2000年在丰田市美术馆举办的“黑田辰秋展”的纪念演讲会上，早川谦之辅作为特邀嘉宾发言，追忆与黑田的往事。在那次活动中，黑田的弟子、木漆工艺家小岛雄四郎（参见第114页），以及学生时期曾协助过黑田工作的丰田市美术馆副馆长青木正弘（时任）也登台演讲。在最后与会者的提问环节，有人问道：“早川先生作为黑田辰秋的弟子，是否会继承他的技艺和遗志？”当时，谦之辅语气强硬地答道：“我尊重黑田先生，但我不是先生的弟子。我会追寻自己的木艺道路，并无意继承黑田先生的事业。”他词锋凌厉，咄咄逼人，让会场霎时陷入了沉寂。可见，谦之辅在把黑田辰秋当作一位伟大的木艺先驱的同时，也一直视其为竞争对手。

只要有材料，在哪里都能制作

关于梵高椅，谦之辅也在书中写下了对它的印象。

> 我认为有两点非常了不起。
>
> 一是直接使用原木。这种通过先加工再干燥来增加强度的处理方式令人惊奇。
>
> 其二是所有工具都很简单而平价。仅以这些工具，就能在设计上变化多端。且没有工坊也无妨，只要有木料，就可以拿起工具在露天制作，随处都能开工。
>
> （《黑田辰秋：向木工的先驱们学习》，2000年）

泰辅先生坦言，他也曾尝试过制作梵高椅

“十多年前，我曾尝试做过。那时候家父的身体还很健朗。在一次木工实践活动上，被要求重回木工的原点，以简单的榫卯组装制作一件东西。当时现场刚好有白杨木，我就拿来加工，用钻头开孔，再用刀具切削并组装。做好之后就交给其他人去编结座面了，只是后来不知所踪了。我对这种椅子有特殊的感情，才会将它们保留至今。”

在早川谦之辅的著作中赫然登场的梵高儿童椅。椅子送到时，泰辅先生还未出生。

“黑田先生在西班牙近距离接触梵高椅，称其为座椅的原点。”

田尻阳一（Yoichi Tajiri）

关西外国语大学名誉教授，西班牙戏剧翻译家和编剧。1967 年，黑田父子到西班牙考察梵高椅的制作时，他作为翻译和导游一路随行。自那以后，与黑田一家结下了深厚的友谊。

与黑田父子的相识

1967年，黑田辰秋和其子乾吉在访问西班牙时，经日本驻马德里大使馆的介绍，认识了一位当地的翻译。

> 在马德里大使馆，我们声明此行的目的，希望对方能够安排一位合适的向导，大使馆便介绍了田尻君。这位关西青年是京都大学外语系的学生，为研究西班牙文学而留学西班牙。对我们来说，他是一位非常难得的好向导，何况怀有文学志向的他，也对西班牙的风土民情知之甚详，在他的协助下，此行顺利而舒畅，实在很幸运。
>
> （《西班牙制作的白椅子》，《民艺》，1967年9月）

当时的翻译，正是现关西外国语大学名誉教授、活跃在西班牙戏剧翻译和编剧领域里的田尻阳一先生。当时，田尻先生留学即将满一年。在那个年代，会说西班牙语的日本留学生凤毛麟角，他在大使馆帮忙翻译报纸，也协助接待日本的来访者。黑田父子就是在那段时期到访西班牙的。田尻先生听说对方是为皇居·新宫殿制造座椅而前来考察，但他们首先提出要参观的，却是梵高椅的制作现场。

“我内心无法将新宫殿的座椅和梵高椅联系在一起。这种东西怎么可能用在新宫殿里呢。但是辰秋先生却说，它是座椅的原型，也是坐具的起点。我对这段话记忆犹新。”

田尻至今珍藏着当年的明信片，其中有穴居房屋，背面写着日期：1967 年 6 月 28 日。

正在进行翻译的田尻先生（右一）、工坊主的女儿及工坊主夫妇。

未经预约直奔制椅现场

最初访问格拉纳达的那家工坊，黑田一行抵达时正值午餐时间。一个小孩儿跑过来喊工匠吃饭，但为方便黑田父子拍摄，那位工匠没有停手，一直做到成品完工。田尻先生就趁此机会去了趟村子里的小酒馆，买来面包、火腿、葡萄酒和香蕉等食物，供大家摄影结束后享用。此次拜访事先未经预约，对方却痛快地应承下来，实在令人感激。

第二天要拜访的瓜迪克斯，田尻先生也是第一次去。黑田的笔记中有这样的描述："随着山势的起伏，道路两侧小山丘的山腰上，三三两两地出现了一些依山壁开凿的住宅式建筑，上面耸立着细长的烟囱。"这就是该地区特有的穴居房屋。田尻先生为眼前的景象感到惊奇，就去市政厅问路。对方说，那种地方单凭他们几个人根本到不了，便派了一个人陪同前往。

这里是考察的第二站，翻译已经适应，采访进行得很顺利。据说让人印象深刻的，竟是工坊主人的女儿。

"乾吉先生对那个女孩子赞不绝口，一直夸她漂亮，还说答应送珍珠给对方，催我替他写信，几乎跟我唠叨了一年的时间（笑）。可是，一颗珍珠也做不了什么呀！所以，我最后也没写那封信。"

在格拉纳达和瓜迪克斯目睹了梵高椅的制作过程，黑田辰秋和乾吉两人感慨良多。

在返回马德里的途中，他们顺路拜访了西班牙王室的一座离宫，这个名为阿兰胡埃斯的地方如今已被登录为世界遗产。田尻先生本以为，参观旧王宫，或许能为新宫殿座椅的制作提供一些参考，但黑田并未对此表现出太大的兴趣。也许梵高椅带给他的震撼余韵犹存。

归国后，与黑田亲如一家

黑田父子访问西班牙一年之后，田尻先生结束了留学生活，回到了京都。新宫殿座椅完工的时候，他去黑田的工坊拜访，自那以后，就频繁出入黑田家中。

“和他们亲如一家。肚子饿了就会跑去吃饭。每次去都会遇到其他人。大家围着暖桌，把脚伸进桌下的凹洞里，听了很多故事。有的时候，还会用我的车出去采购。比如载着辰秋先生去竹子店买竹子，或者听到师娘说要出去买面包，我也会载她去。（上漆之后）如果让我帮着打磨，我也会照着做。”

他记得在黑田家的厨房里，水槽旁边就摆着一把梵高椅。刚完工的新宫殿座椅也被置于家中，田尻先生在获得首肯后曾试坐过，也是小心翼翼，生怕印上指纹。

如今，黑田辰秋和乾吉都已故去，但田尻先生仍与黑田家人保持着往来。

“辰秋先生和乾吉先生真的教给了我很多东西。我本就对民艺抱有兴趣，但是能够在现实当中亲身感受民艺，可谓是非同一般的体验。”

“做新宫殿项目时，被黑田先生训得灰头土脸。”

小岛雄四郎（Yujiro Kojima）

木漆工艺家。作为黑田的弟子，参与了黑泽明的座椅和皇居·新宫殿座椅的制作。其子小岛优活跃于温莎椅的制作领域中。

叩开黑田工坊的大门

作为弟子，在黑田的两大座椅项目——黑泽明的座椅和皇居·新宫殿座椅——的制作中一直给予支持的，是兵库县丹波市的木漆工艺家小岛雄四郎先生。小岛先生最早就职于东京的一家涂漆公司，为追求更高质量的手艺，通过日本民艺馆的介绍，叩开了黑田工坊的大门。

1964年，二十四岁的小岛先生拜师于黑田门下。黑田当时长期驻留付知，正忙于黑泽明家具套组的制作。小岛先生也于同年的6月在当地协助工作，驻留了三个月。

“真不容易啊。座椅的体积硕大无比。还有六到八把普通椅子，配套一张大圆桌，我都有参与制作。先生自己似乎对成品并不十分满意。从造型上来看绝对是一等一，但用起来就……”

紧张气氛下的新宫殿项目

完工后回到京都，他又投入到皇居·新宫殿的项目中。先是宫内厅委托的“竹厅”和“梅厅”的门扇把手以及装饰台座。

“先生当时整个人都绷得很紧。细微处都一一指导，往常不会要求得如此琐碎。我们全都被训得灰头土脸。贝壳要切割之后粘贴，连碎贝的数量都有规定。平常不会这样。弟子们全都紧张得很，一个个战战兢兢。”

接下来的座椅，宫内厅的要求非常严格，黑田的紧张程度更非一般（向黑田发出指示的是宫内厅的皇宫建设部长高尾亮一，其岳父是铸金领域的“人间国宝”佐佐木象堂）。据小岛先生介绍，黑田自身对年轻时制作的三国庄座椅和刚完成的黑泽明座椅都不十分满意，因而对做出完美

小岛雄四郎先生的作品，充分发挥了承自黑田辰秋的漆艺和螺钿技术。

的座椅有强烈渴望，在现场连续试做多轮。第四章中曾提到的那位被责令重新上漆的工匠就是小岛先生。“飞騨产业的工匠也是一样，按照指示切削加工，仍不被认可，被要求重做。我自己也一样，先生让我给最初的那把椅子涂面漆，我做得特别卖力，结果先生看了说，这种刷浆式的玩意儿万万不可。让我全部磨掉重新上漆。在我看来，别人做的也没什么差别。当时非常严苛。”

小岛先生在高山住了半年，只做上漆这一道工序，没有一天休息。作业间隙，黑田偶尔会召集工匠们一起观看他在欧洲用8毫米摄影机拍的那些录像。乾吉负责解说，黑田则会补充一些感想。他对西班牙的古民居和工艺品都给予了很高的评价。录像中也出现过梵高椅的身影。

日本人的制椅难点

后来，对于座椅制作的难点，小岛先生又有了进一步的认识。那是通过其子小岛优制作的座椅让他体会到的。小岛优小时候就对温莎椅着迷，高中时中途退学去了英国，在制椅家的门下修习和磨练技艺。现在，他作为一名独立的温莎椅制作家活跃在该领域。小岛先生说，看了优制作的椅子，他发现各种部件都是倾斜或扩宽进行组装，无一处直角。反观日本，指物[1]都是矩形的，也就是说，直角很重要，柜子和箱子也诞生自这些部件的组装。因此小岛先生认为，对于由指物入门的日本工匠来说，制作椅子必然是件困难的事。

在小岛先生家的展厅中，一把梵高椅缀在小岛先生的漆艺作品和小

1 指物：使用板材和板材的相互穿插和咬合来组装固定的木制品。

岛优的温莎椅之间。它是小岛优于二十年前从一个朋友那里得到的。我问起小岛优对新宫殿座椅的看法，他如此回答："黑田先生的那件作品的确出类拔萃，但就我自身而言，像梵高椅这样的平民椅更具有吸引力。"

小岛先生坦言，很想让黑田看看儿子的座椅。

"犬子的作品虽然离完美还有很长的距离，但我特别想让黑田先生看看。我想，看过之后他或许会说：我原本也想做这样的东西。"

在日下部宅邸的土藏中为椅腿上漆的小岛先生。

正在切削凳子座面的小岛优。与其父年轻时的样貌如出一辙。

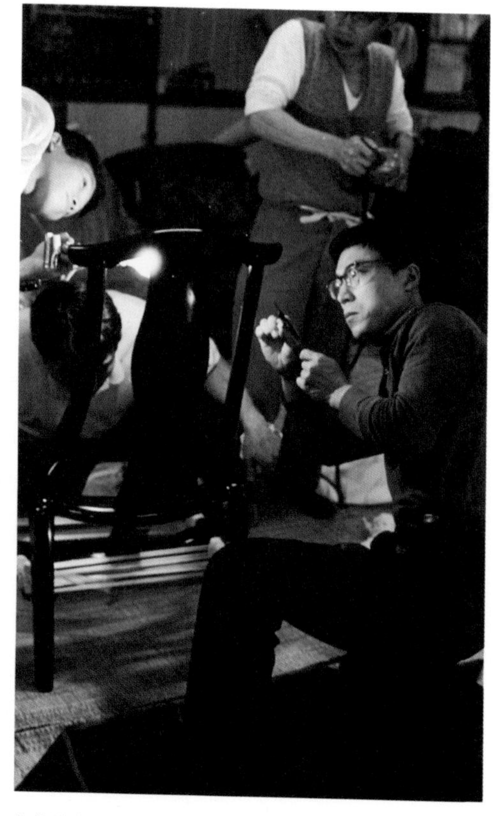

组装结束后进行最后擦漆的小岛先生。最后还要再上一层，才有成品感，因此要用日本产的上等漆料施以薄涂。为了不沾染饰扣和坐垫，须极度小心。

摆放在小岛优的温莎椅之间的梵高椅。

“家中曾散放了十五把梵高椅，各司其事。”

黑田绫子(Ayako Kuroda)、黑田悟一(Goichi Kuroda)

绫子是黑田辰秋的长子乾吉之妻，悟一是二人的长子，即辰秋之孙。
悟一先生是一位中学美术教师。从过去位于清水道上的长屋建筑——黑田家的工坊兼住宅中搬出来之后，如今生活在南丹市美山。

宾客络绎的家

作为家人，黑田辰秋的长子乾吉之妻绫子和她的长子悟一多年来近距离目睹了黑田的创作工作。

在黑田与乾吉埋首于黑泽明家具制作的1963年，绫子诞下了悟一。当黑田父子寻访于西班牙，记录梵高椅的制作过程时，悟一四岁。

黑田一家住在京都东山区清水道的一栋长屋住宅里。一楼是木工坊，二楼是漆器和螺钿工坊，玄关前有一处四叠半[1]大小的房间，用作客厅兼餐厅。一到傍晚，这里就热闹非凡，挤满了来访者、弟子和学生。准备晚饭的工夫，人数还在不断增加，所以，对于黑田的妻子藤女士和长媳绫子女士而言，备妥每天的餐食就是一项艰巨任务。餐桌上，河井宽次郎和滨田庄司制作的茶碗和大盘子皆为日用之器。

黑田也在这间客厅画图纸，但家人对他具体的工作却知之甚少。绫子女士说，她是通过做家务的间隙里偶尔瞥到图纸，或者听黑田与来客之间的闲谈，才能猜到下一项工作是什么。

绫子女士至今还记得宫内厅的皇宫建设部长高尾亮一来访时的情景，当时，他们就在这个房间里商谈新宫殿的座椅一事。

“起初是皇后殿下的书柜，在制作期间又开始谈到了门扇（把手）和座椅。当时，日本还没有使用座椅的生活习惯，于是就请高尾先生协助，最后促成了欧洲考察之旅。我们都是生活在榻榻米上的人，家里没有座椅。只在小孩子出生时，自制了一些坐具。”

---

1 叠：日本房间面积计算单位。一叠即一块标准榻榻米垫子的面积，约 1.62 平方米。

十五把梵高椅

黑田父子的欧洲考察长达五十天，其间却从未写信回去，也未给家人带回任何伴手礼。想来，他们的签证等手续虽是委托宫内厅办理，考察的旅费却需要自行承担。交付皇后陛下的书柜和门扇把手的订单后收到的回款，大约都用在了欧洲的行程中，也没有给家人买纪念品的闲钱余资了吧。

唯一可称得上纪念品的，就是梵高椅。黑田通过海运，从当地寄回了十五把梵高椅，散放在家中各处，供大家按需随意使用。

“我曾用它来搭晒衣杆，做缝纫机活儿的时候也会用到它。这种椅子非常轻便，随拎随用，也很好坐呢。”（绫子女士）

“一直到上高中为止，我都在自己的书房里使用它。”（悟一先生）

“所谓书房，就是走廊的尽头罢了。”（绫子女士）

每逢来客便会举办的观影会

每当有客来访，都会在这间客厅或者一楼的工坊举行观影会，播放欧洲之旅的照片和录像。悟一还记得自己上小学高年级时，曾多次混在来客中间，在客厅的一角观看这些图片和录像。绫子总是在厨房里忙着做饭招待客人，所以几乎没有关于录像的记忆。

悟一先生回忆：“（欧洲之旅的影像资料）常看，仿佛在看一套艺术全集，因为欧洲的美术馆也可以拍照，大饱了眼福。如今想来，真是了不起。一开始，他们去了埃及、土耳其的伊斯坦布尔，随着日期的推移入境西班牙，便接近尾声了。而像英国的白金汉宫之类的，他们几乎没怎么看。梵高椅还被拍进了录像，所以我印象特别深。”

备受珍爱的梵高椅

黑田获得“人间国宝”的称号后，搬到了伏见区的一所大房子里，清水道的工坊则由长子乾吉继承。次子丈二此时也开始从事木工。大家族于是拆散，各自过上了小家庭的生活，但搬家的时候，谁都不忘带上几把梵高椅，可见大家都对它有了感情。

乾吉所藏的几把梵高椅，则几乎都送给了弟子或客人。现在，悟一先生手里只剩下一把前腿和靠背都经过机械加工的相类款。使用中随着座面的磨损断裂，如今仅余骨架。

“我曾试图将松散的座面用麻绳编起来继续使用，但猫总会在上面磨爪子，结果又变得破烂不堪。”（绫子女士）

“不过，搬家的时候也从未想过扔掉它。也许大家都习惯了生活中有它，都很珍爱它。”（悟一先生）

在此顺便讲一段趣事。存留于黑田家中的有来头的老物件为数不多，而与这把仅余骨架的梵高椅一起流传下来的，还有一个朱漆砂糖罐。糖罐出自黑田辰秋之手，罐子里的小匙则是乾吉做的。除了日常使用，来客的时候也会端出来。不料却被随笔家白洲正子看中，每次来访都会将木匙顺走。所以，现在这把小匙应该是第四代或第五代了。白洲正子与黑田交情深厚，还曾着手编辑并撰写了黑田的作品集《黑田辰秋：人与作品》。她向来喜爱黑田制作的木碗和重箱[1]等，作为黑田作品的爱用者，看到这只可爱的小木匙，自然想据为己有。这段小插曲讲起来画面生动，令听者莞尔。在黑田家中，白洲也曾试坐过梵高椅。她说“坐上去比想象的要舒服得多，很柔韧”，并评价其“与新宫殿的座椅似是而非，虽是民艺品，却具备‘座椅之源’的所有素质，而无任何多余装饰的特点，尤其美妙”。

---

1 重箱：多层餐盒。一般为两层至五层不等、累叠放置的漆食盒。

悟一先生家中最后一把相类款，一些部件经过机械加工，与松本民艺馆中收藏的是同一类型。靠背板和后腿的切削痕迹与河井宽次郎纪念馆中的梵高椅一致，可以推断是出自同一工匠之手。

梵高高脚椅

我曾经于2013年在京都举办过一场制作梵高椅的体验会，并请来悟一先生和他的孩子们参加。我们租用了京都工艺美术大学的场地，乾吉的弟子宫井贞治先生和中井胜之先生在此执教，二位也为我们提供了帮助。悟一先生和他的次女黑田秋以及长子黑田旭一起，制作了两把梵高高脚椅，准备在建造中的新家使用。从西班牙的制椅考察至今，已经过去了大约半个世纪，黑田的孙辈和曾孙参考当时的录像制作出了梵高椅，如果先生在天堂有知，又会作何感想呢？

黑田制作的砂糖罐和乾吉制作的木匙。

在京都市的一所中学教美术的悟一先生，在课堂上也会接触到自己的祖父和父亲所从事的工作，让孩子们体验雕刻。他坦言自己时常会梦到自己身处西班牙梵高椅制作的现场。如今忙于工作，无法亲临现场，但总有一天，他要去那个制椅小镇看看。

摆放在自家厨房的梵高高脚椅。这是为配合吧台的高度而特意修改图纸后制作的特别版。

1. 在制作梵高椅的讲座上切削木料的悟一先生。　2. 悟一先生的长子旭、次女秋在一起制作高脚椅。

3. 乾吉的弟子中川胜之先生(左)和宫本贞治先生。我们借用的是他们二位执教的京都美术工艺大学的木工教室。

4. 黑田及其次子丈二使用过的刨子等工具捐赠给了京都美术工艺大学。

“与黑田先生一起访问瓜迪克斯，感服于工匠的手艺。”

上田辉子（Teruko Ueda）

已故陶艺家上田恒次之妻。在有黑田辰秋参加的 1977 年京都民艺协会主办的西班牙、葡萄牙之旅中，夫妇二人参团同行。也与黑田一起访问了西班牙瓜迪克斯制椅匠的工坊。

三十五人的大旅行团

曾与黑田辰秋一同前往西班牙瓜迪克斯拜访制椅工匠的人中，有一位至今健在，她就是出生于1922年（大正十一年）的上田辉子女士。生活在京都的辉子女士，其丈夫、已故陶艺家上田恒次是河井宽次郎的弟子。上田先生不仅是一位陶艺家，在建筑方面也有很高的造诣，他亲自设计的自宅（位于京都市）被指定为国家有形文化遗产，位于奈良县安堵町的富本宪吉纪念馆也出自他之手。通过河井宽次郎与民艺协会，上田和黑田从年轻时起就有了交流。

上田夫妇曾与黑田一起访问了瓜迪克斯，却不是黑田父子初次访欧考察的那一次。事实上，黑田曾两度造访同一间制椅工坊，考察梵高椅。第二次是于1977年4月22日至5月6日期间，由京都民艺协会组织的西班牙、葡萄牙之旅。自1967年6月首次访问以来，黑田睽违整整十年，得以重游故地。

此行共有三十五人参团。团长汤浅八郎是京都民艺协会的代表，同时也是一位教育家，曾任同志社的校长和国际基督教大学校长。早在黑田加入上加茂民艺协团的1929年，他就创建了“京都民艺同好会”，支持民艺运动。此外，旅行团中还有建筑家、造园家、学者和厨师等，皆为民艺协会的会员，且多为夫妇同行。上田先生担任这次旅行的干事，负责处理各种杂务。对黑田而言，当年父子二人第一次赴欧，经济尚不宽裕，又带着“为皇宫制椅”的使命，压力不小。此行却不同，他已获得“人间国宝”的称号，经济上也有了余裕，更像是一次与朋友结伴而游的轻松之旅。

前往瓜迪克斯制椅匠的工坊

当年黑田参考瓜迪克斯的梵高椅，完成了皇宫座椅的那段佳话，在圈内广为流传，此行能参观现场，大家都满怀期待。抵达工坊，那个面容和蔼的主人出来相迎，并当场示范，制作了一把椅子。距今已近四十年的往事，辉子女士却记得很清楚，生动的制作场景留给她深刻印象。

“真是一项聪明的活计，令人钦佩。他只用一把柴刀，乒乒乓乓地敲击扫帚棍一样的木料，加上大致的尺寸心中有数，开孔、组装，一气呵成。乒乒乓乓再敲打几下，很灵巧地就组装好了。特别简单的结构啊。横竖都装配好，剩下的只要编好座面就成了。大家在一旁观看，都赞叹不已。”

在辉子女士的相册中，还有一张黑田和工坊主的合照，画面上的两人相谈甚欢。相隔十年的重逢，黑田对工坊主人说了些什么呢？有没有告诉对方，自己已经完成了皇宫的座椅？

梵高椅和鞍挂

在上田先生看来，梵高椅与京都的一种民艺品非常相似。它是一种木制小椅子，叫作“鞍挂”，过去在京都北部曾有制作。他为杂志撰写的考察游记《寻访梵高的椅子，了解梅田的鞍挂》中，如此写道：

> 为何这般朴素的椅子会让我们如此心动并爱不释手呢？我想，是因为它没有无用的装饰，却忠于用途，同时遵循木料的自然品质，合理地使用天然材料。黑田先生在为新宫殿打造座椅之际，能从瓜迪

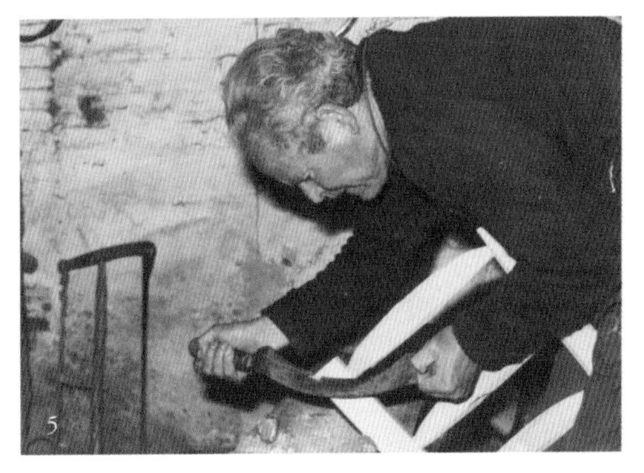

1. 1942 年 6 月 13 日于河井宽次郎宅邸。前排左二为黑田辰秋，左四为柳宗悦。后排左二是上田恒次。

2. 1977 年访问瓜迪克斯制椅工坊的一行人。右起为团长汤浅八郎、黑田辰秋、上田恒次、工坊主夫妇。

3. 西班牙旅行中的上田先生和妻子辉子女士。 4. 与制椅匠谈笑风生的黑田。 5. 亲自演示制椅过程的瓜迪克斯工匠。

克斯椅子中寻求智慧，原因想必也在于此。

这款椅子的制造，恰恰与京都洛西梅田的木工马扎和鞍挂椅子有着异曲同工之妙，制作的动机和对材料的运用方式基本相同。因此，即使让这两种相隔万里、各据东西的木制品共处一室，也不会有任何违和感，也许是因它们都立足于民艺这一共同的根基之上。

（《月刊京都》，1982年6月号）

据辉子女士介绍，过去常会见到一些妇女出来售卖这种鞍挂椅子。这些女性身穿一种名为“立挂”的劳动裤，将木制的梯子和鞍挂顶在头上，走街串巷，口中叫卖着“梯子和鞍挂有需要吗——”。上田在观看制作瓜迪克斯的椅子时，想起了这些卖货的妇女。或许，在日本经济高度增长的时代，手工艺品逐渐流失，让他心中涌起一股伤怀之情。

到访瓜迪克斯的一行人买了许多梵高椅，并集中海运回了日本，其中有二十把寄到了上田家。每把椅子的当地售价不到一千日元。正如上田在游记中所写的那样，在他们家里，梵高椅和京都的鞍挂地位等同，服务于日常。

“很有用啊。赶上打年糕的时候，家里会来很多人。这种椅子很轻巧，把它和马扎、鞍挂都拿出来用。晒被子的时候也用得上，把马扎拿出来、不够的话再添上鞍挂。”

除了海运回的椅子，上田夫妇还从当地带回了梵高儿童椅。手工制作的小椅子玲珑可爱，他们的孙女从小坐着它玩。如今，它成了辉子女士的曾孙女珠子的最爱。

由滨田庄司发现，让黑田深受触动的梵高椅，经历了半个世纪的时光，似乎已完全融入了京都民艺家的日常生活。

《月刊京都》1982 年 6 月号刊载了上田先生的西班牙游记。封面上是卖鞍挂的女性。

民艺运动人士间的交流至今仍在继续。辉子女士与河井宽次郎的孙女鹭珠江女士、黑田辰秋之孙黑田悟一先生在一起。托盘上盛放的是上田家收藏的黑田的茶枣作品，仕覆（茶具袋）为志村福美所作。

上田设计的民艺建筑中，梵高椅完美地融入了颇具厚重感的室内设计中。

梵高儿童椅也博得了珠子小朋友的喜爱。

制作梵高椅，从日本走向世界?

在绿色木工之乡英格兰，带有3–5个梯形背板的梯背椅(Ladder Back Chair)在制椅课上很有人气。但对于与梵高画作上相类的西班牙瓜迪克斯座椅，所知者甚少，也从未有人想过要将画中的椅子变成实物。

我曾在英国当过一名家具工匠，也有一些从事绿色木工的朋友。通过向当地绿色木工的杂志介绍梵高椅的制作，我获得了连载的机会，前后三度发表文章（右页图 1)，且其中两次有幸上了封面。一次选用的是黑田乾吉拍摄的西班牙制椅匠的照片（右页图 2)，另一次则登载了我本人的照片(右页图 3)。

该系列文章反响热烈，我收到了来自世界各地对梵高椅制作图纸的咨询，其中甚至包括英国绿色木工的创始人迈克 · 阿伯特(Mike Abbott)先生。他主动联系我，希望能得到一套图纸，用于他的制椅讲座。图纸寄出后不久，我便收到了他和学生与梵高椅的合影(右页图 4)。

正如黑田辰秋曾经感叹的那样，日本因为没有座椅生活，所以制椅传统无从诞生。因此，过去我们只能向制作及使用座椅的前辈欧洲各国取经。但如今，制作梵高椅，反而成为一项从日本影响到欧洲的罕见事例，这么想或许有些夸张……

World View

Chairmaking

Making the Van Gogh Chair

With 10 Japanese enthusiasts set to make Van Gogh replicas, **Masashi Kutsuwa** recounts how a colleague visited Spain to learn how the chairs were made

1

2

3

1－3. 英国杂志上的连载文章和封面。

4. 迈克·阿伯特先生和制椅讲座的参加者维奥拉·王(Viola Wang)女士。

第 6 章

大家都爱梵高椅

从滨田庄司的手中获赠梵高椅的人；

在滨田和黑田辰秋的推介下，对梵高椅一见钟情，

甚至为此探访西班牙的人；

在生活中长年爱用这种座椅的人。

听他们各自讲述梵高椅的魅力。

左页 | 中村好文的梵高椅。人的体态反映于座椅之上，比例恰当而合理。

“梵高椅之温柔、素朴和亲切质感，令人望尘莫及。”

池田素民（Mototami Ikeda）

他是“松本民艺家具”创始人池田三四郎之孙，现任松本民艺家具常务取缔役。池田三四郎曾师从柳宗悦，其所藏座椅中就有一把梵高椅，至今仍收于馆中。

获赠于滨田庄司的梵高椅

长野县松本市是战后民艺运动蓬勃发展的地区之一。位于市中心的松本民艺家具，则是池田三四郎创立于1948年的家具企业。被柳宗悦的演讲深深打动，受其感召的池田，在和式传统家具的大本营松本市召集工匠，立志于制作面向未来生活的西式家具。他尤其着力于座椅的研究，在伯纳德·里奇等人的指导下，持续生产出英国的民间座椅、温莎椅和草编座椅等。松本民艺家具的常销商品中，也有柳宗悦与河井宽次郎设计的椅子。

作为参考，池田三四郎收集了不少欧美的高品质座椅。他将它们摆放在工匠的宿舍里，让大家每天接触，从中学习。这些收集品中就有一把梵高椅，枨子上写有“来自滨田先生”的字样。池田所著的《三四郎的椅子》一书，归纳了他的大量藏品，该书中有一章“西班牙的平价座椅”，对梵高椅如此介绍:“以户外生活为主的吉卜赛人大量消耗座椅，这些椅子纯手工制作却可以量产，仅此就赋予它们独特韵味，以我们的思维方式，到底无法与之竞争。”

从梵高椅中应该学习的

如今，松本民艺家具由池田三四郎之孙池田素民先生主理。松本民艺家具以其精细的手工艺、可持续使用数十年的坚固结构以及乌亮厚重的涂装而闻名，反观布满劈痕、组装快捷、原木成型的梵高椅，两者可谓两极。但在素民先生看来，创作者容易陷入只重表面的浮华设计而与自然和社会环境脱节的创作误区，对此，梵高椅能让我们重新审视功能与设计，获得启发。生活用具必须诞生于原本存在的东西中。至于滨田庄司当年赠送梵高椅的动机，素民先生自有看法。

“这把椅子能让我们看到自身手艺无法企及的境界。无论如何努力，都无法真正达到这把椅子所具有的难以言状的温柔、素朴和亲切质感。而能否意识到这一点，就已带来巨大的差别。我认为滨田先生强烈地希望我们去学习和理解它。”

在松本民艺家具展厅的一角，挂着一幅梵高椅的画作。这幅画的作者是染色艺术家芹泽銈介。芹泽先生与松本民艺家具交久缘深，公司的徽标也是由他设计的，但素民先生对这幅画作的原委却不甚清楚。芹泽是否也像滨田一样，在画中寄托了让大家学习梵高椅的心愿呢？

芹泽銈介描绘的梵高椅。

在画的背面，是芹泽亲笔所书的“西班牙的椅子”。

滨田庄司赠予池田三四郎的梵高椅。

大学毕业后，在继承家业之前，素民先生曾前往西班牙留学一年，并在当地亲睹过梵高椅的使用场景。

在西班牙的大学攻读艺术史期间，素民先生也到西班牙各地旅行。某次，他在当地一个小镇错过了火车，正打算露宿野外，一个姑娘过来告诉他，附近有野狗出没，太危险，把他带回了家。那户人家房屋简陋，门口只挂了一个帘子，屋内的地面则是未经铺设的裸土。对方就在那里为他打了个地铺，招待他吃过晚饭，第二天早上还为他准备了路上的餐食。他想留些钱表示感谢，未料让姑娘的母亲动了气。

他们过着条件贫苦却心灵富足的生活。素民先生说，在那个家里，就使用着梵高椅。

不移的制作态度

松本民艺家具的特色之一是草编的座面，这项与梵高椅共通的技术，是池田三四郎的妻子菊江通过自学掌握的。当年，她频繁来往于滨田庄司位于益子町的宅邸，将滨田从英国带回的旧草编椅反反复复地拆解再编回，无师自通地掌握了编结方法。对此，日本民艺协会向她颁发了民艺大奖，表彰她的贡献。祖母的这一成就，也让素民先生对草编情有独钟。

“我想，草编也是松本民艺家具的起点之一。无论手感还是舒适度，都很理想。它来自海外，同时又极具日式风格。作为一款日本的西式家具，它名副其实，也非常实用，因而是我们不可或缺的一项技术。”

然而，这项传统的继承和延续也面临危机。作为原料的莞草原本从滨松的一户农家订购，而该农户现已停业，采购原料成为一桩难事。

位于松本市中心的松本民艺家具展厅。

产品都尽可能手工完成。

所有草编工作由一名工匠负责。

松本民艺家具的工坊。各种家具的模板悬挂于天顶上。

他们正尝试各种方法克服眼前的困境，或者寻找其他替代材料，或租用农田，亲自种植莞草。在变化不息的社会中坚持制作不变的产品并不易，但素民先生没有放弃努力。

スペインの安物の椅子

池田三四郎所著《三四郎的椅子》中登载的梵高椅。

“引我踏上家具之路的，魅力十足的椅子。”

柿谷诚（Makoto Kakitani）

富山市家具工坊 KAKI CARBINETMAKER 创立者。
对杂志上偶然邂逅的梵高椅一见钟情，曾专程前往西班牙的瓜迪克斯去参观制椅。2004 年去世。

为梵高椅所动容

对于梵高椅，撰文书写其魅力的人不少，其中对其赞誉最高者，非柿谷诚先生莫属。如今已故的柿谷先生，曾在富山市经营着名为KAKI CABINETMAKER的家具工坊。说起他与家具的缘分，则可追溯到学生时期。在美院学习油画的大学生柿谷，偶然在美术杂志上读到了滨田庄司撰写的那篇有关吉卜赛人制作白木椅的文章，深深为之吸引。过去只被画作打动过的他，第一次为一件家具动容。自那以后，他在心灵的角落里藏下了一把梵高椅。

这一影响漫长而深远。此后，柿谷先生自学家具制作，并和两个弟弟一起创立了家具工坊。就在涉入家具行业不久的1972年，他得到了一个去西班牙瓜迪克斯亲睹制作梵高椅的机会。此时，距离杂志上的初遇已有八年，这可谓是一场期盼已久的圆梦之旅。

后来，在柿谷先生的第一本书《KAKI的木工艺》中，他在开篇就叙述了这次旅程的经历，足见其对梵高椅的感情之深。在此摘选其中的一段。

> 木料只有极细的柳木，工具仅为柴刀、锯、钻头和锤子，就可以做出这么美的椅子。做法尽管粗鲁，那双诞生出成千上万把相同椅子的工匠之手，却十分娴熟。靠背上的三根木棍如鸟羽般轻盈，椅腿的八根木棍则宛如细长的叶片。每一把成型的椅子，尺寸、形状、椅腿的角度都微妙有别。我的疑问或许很怪异：世上为什么会有如此美妙的东西？至今我也不明所以。我甚至觉得，自由一词，正是为这种椅子而生的。

（《西班牙南部瓜迪克斯的椅子》，《KAKI的木工艺》，1982年）

位于富山市栗巢野的 KAKI CABINETMAKER。三兄弟都擅长滑雪，最初在这里建造了一座小山庄，开办了一所滑雪学校。

二弟柿谷正之子朔朗（左）和三弟柿谷清先生（右）。

在瓜迪克斯，柿谷先生见到了两对工匠夫妇默默制椅的情景。男人切削木材并组装，女人编结座面。回顾当时的画面，他在文章中如此记述：

> 从那儿带回来的椅子，至今每天为我家所用。制作于干燥的西班牙山区的椅子，如今在白雪皑皑的日本山区使用，真有种说不出的奇妙。而我的心情，也像瓜迪克斯那两对夫妇一样，愿与心爱的女人和情投意合的朋友一起，安静、自由地制作出一件件豁朗大方的家具。
>
> （《西班牙南部瓜迪克斯的椅子》，《KAKI的木工艺》，1982年）

涉足家具行业的缘由

诚如其言，柿谷先生热爱他的家人和朋友，喜欢工作，享受生活，讴歌人生。虽然年仅六十便谢世了，KAKI工坊却由他的两个弟弟和他们的子嗣继承下来，至今仍在出产家具。担当制作的是三弟柿谷清先生和二弟之子朔郎先生。柿谷清先生如他的兄长一样，也对梵高椅有着强烈的依恋。

“造型真的很棒，外观自成一派，也非常好坐。家兄看到它的时候一定也很感动。也许就是这把椅子，让他下决心踏入家具行业。说它是一把对人影响至深的椅子，也毫不为过。”

对朔朗先生而言，梵高椅自儿时起，就是家中理所当然的存在：“从我记事时起它就在身边。虽然知道那是西班牙的椅子，我从小就习惯使用它。小时候我还经常转着它的靠背玩耍。”

KAKI的早期产品也以座椅为主，梵高椅便是他们的蓝本。但对于从未接受过家具制造专业训练的三兄弟而言，看似简单的梵高椅，起初却难以上手。因其所有的构件都经过了柔和的切削，而非通常的四角方料，组装的角度也各不相同。他们的第一件试制品，使用的仍是方料，先组装后再用小刀切削，使其在外观上尽可能接近梵高椅。与其说是制作家具，更像是在雕刻作品。在大学学习工学的二弟柿谷正负责转换图纸，据说也一度被搞得很头疼。

“所有的部件都歪斜而不规整，很难计算，把二哥愁坏了。每个角度都不一样。对于制造家具来说，最难对付的就是四面皆倾斜的木料，而这正是梵高椅的特点。听家兄介绍，在当地，工匠只用三十分钟就做成了。在我们看来是很困难的挑战，他们却完成得如此轻松。”（柿谷清先生）

最终，KAKI的家具做出了名气，并为松本和仓敷等民艺馆所使用。富山市民艺馆的第一任馆长安川庆一对KAKI的产品给予了高度评价，并推举其为民艺馆的日用家具，他甚至还为他们引见了滨田庄司和池田三四郎。安川庆一是出身于富山的木艺家和建筑家，自战后不久，就开始指导松本民艺家具的制造。他为北陆银行设计的家具，正是请黑田辰秋和松本民艺家具共同制作的。

工坊自创建以来已有四十多年的历史，二人表示，今后并无扩大规模的打算，会继续享受他们的工作。

“我们热爱工作，也喜欢玩乐，如此才能与他人建立联系，将我们的家具传播出去。如果将一切都集中在家具制作上，生活就被局限了。通过玩乐，接触各式各样的人，才能更好地从事家具的工作。”（柿谷

清先生）

KAKI工坊所具有的这份豪爽大气，或许也是柿谷诚先生从西班牙带回来的。在通往艺廊的楼梯平台上，除了购于瓜迪克斯的梵高椅，还装饰着出自柿谷先生手笔的诗歌和插画，它们共同守护着KAKI的家具。

KAKI的椅子们。左边是最初的试制品，可以看出是使用方形材料组装后再切削出来的效果。木材从初时起就一直使用俄罗斯产的红松木。由于日本很难找到香蒲草，所以座面的材料是使用剑麻的麻绳编结而成。

柿谷诚先生带回来的梵高椅和自创诗歌以及插画。在艺廊的入口欢迎来客。

瓜迪克斯的椅子

它如此自由，以致我不禁认为，
“自由”一词，是为这把椅子而生的。
做椅子的人、安达卢西亚的气候，
处处皆在歌唱。
它的材料，是捆在驴背上的直径五六厘米、
长两米的柳木圆材。
在锆蓝青空下，干燥的茶色中
点缀着莹白小屋的乡间小路上，
工匠牵着毛驴，运到小小的作坊。

（柿谷诚先生的诗）

“采购过数百把梵高椅，也捐赠给了各地的民艺馆。”

冈田幹司 (Kanji Okada)、冈田寿 (Hisa Okada)

经营着位于京都寺町通和东京青山的西洋民艺店“GRANPIE”的夫妇。
1972年开店初时销售的梵高椅，如今仍完好地存于家中。

在京都的寺町通，有一家出售梵高椅的西洋民艺店。挂在红色梵高儿童椅上的招牌“グランピエ”（GRANPIE）是它的显著标志。摆放在店头的原木椅，三块靠背板的形状与各地民艺馆中的梵高椅的形式完全相同，但前腿和后腿稍粗一些，若仔细观察，会发现它们不是用刀具手工切削，而是以机械加工成圆形。

自1972年创业之初，该店就做着梵高椅的生意。创始人冈田幹司先生和妻子冈田寿女士，于1965年在西班牙求学时相识，回日本完婚后，开设了这家销售西班牙民艺品和古董的商店。那期间，滨田庄司等人在杂志上连载《世界的民艺》，其中就有一篇介绍瓜迪克斯座椅的文章。冈田夫妇读后即决定采购这种座椅，并为此走访了瓜迪克斯。

1972年1月，幹司先生在西班牙当地找到了一家制椅工坊，向对方下了订单，到5月店铺开业时，引进的椅子已摆在了店头。梵高椅非常畅销，他们遂即决定7月再度前往西班牙进货。彼时，同行的人里有刚在富山搭建家具工坊的柿谷诚先生，还有古董店的老板、画家、料理店的老板娘等。

那趟旅程让冈田寿女士印象深刻的，不是瓜迪克斯椅子的制作本身，而是观看制椅过程时柿谷先生的激动和兴奋：“只有柿谷先生的兴奋给我留下了深刻的印象。他在边上连呼神奇。工匠做得很认真，柿谷先生也的确很激动。或许因为他自身也做椅子，深知其中的艰辛，也懂得它的好。”

幹司先生在一旁补充：“工匠的熟练技艺和灵巧手法令人折服。用手摇钻在原木上滴溜溜开孔，砰砰砰敲打几下，里面真的会有水分出来。然后另外一位工匠就编织座面，也异常熟练。”

1. 位于京都寺町通的西洋民艺店 GRANPIE。

2. 挂着店招牌的，是梵高儿童椅。

3–4. 梵高椅摆放在店头。椅腿经机械加工成圆形。

坐在椅子上的女儿一头栽翻

自那以后，GRANPIE向当地下的椅子订单，每次都是数百把起，至今一共进了多少把椅子，已无从计数了。儿童椅的大小又刚好可以收于成人座椅的下方，因此他们会采购相同数量的儿童椅。冈田夫妇喜欢梵高椅，多年来一直作为餐椅使用。而对儿童椅，他们亦有难忘的回忆。

“女儿两岁的时候，坐在上面玩耍，结果一头栽在地上，摔断了锁骨。”寿女士说完，幹司先生又补充：“去年，女儿又带了两岁的外孙来玩，她让孩子坐在椅子上，结果也咣地一下向后栽倒了。幸好这次没受伤。”

他们与民艺运动也颇有渊源。冈田幹司先生的父亲过去曾在京都经营一家金属加工企业，从上加茂民艺协团时代起就一直是民艺运动的支持者。据说他和协团里的染织家青田五良先生交情颇深。而冈田先生本人也在京都民艺协会组织西班牙之旅时协助安排，在他开始采购梵高椅之后，还向各地的民艺馆捐赠了座椅。

再访当地

一直以来，GRANPIE以通信的方式向瓜迪克斯的工坊追加订单，直到某日，当地的工坊主突然寄回一封信，表明自己即将退休，下次发货将是最后一批。冈田先生多次写信联系，请求对方介绍其他的工坊，皆石沉大海。寿女士不肯放弃，2010年，她致电瓜迪克斯市政府，得知当地还有一位工匠在做这种椅子，遂再度启程，前往西班牙。最

1.1972 年 7 月在西班牙。左一是 KAKI CABINETMAKER 的柿谷诚先生。左起第三位是冈田寿女士，右边是幹司先生。

2—5. 冈田先生一行拜访时的瓜迪克斯制椅工坊。柿谷先生见此情景兴奋不已。

终，她被带到了一个福利设施性质的工坊。最后一位梵高椅制作工匠是那里的技术指导，他告诉寿女士，全手工制椅的方式太辛苦，已被淘汰了，如今的椅腿皆用机械切削，并拿来一把实物供她参考。当时向这位工匠订购的梵高椅，如今就摆在GRANPIE的店头。

冈田夫妇表示，他们今后仍准备继续采购梵高椅。寿女士说："在当地，那是一种很普通、理所当然的东西，当地人对于它在海外受到的热捧毫不关心，也无意向其他地区推广。我觉得，西班牙的年轻人并非真正意识到它的价值，也没有使用它。但梵高椅对我们的意义不同，它是我们从创立之初就存在的招牌商品，只要当地还制作，我们就会一直合作下去。"

1. 在东京青山开设分店时，登载在报纸上的剪纸画。东京的店头也摆着梵高椅。

2. 用作餐椅的成人座椅上有“GRANPIE”字样的烙印。

3. 儿童椅上烙印的是女儿冈田春的“春”字。

“梵高椅中栖宿着座椅的灵魂。”

中村好文（Yoshifumi Nakamura）

建筑家、家具设计师。日本大学生产工学部建筑工学科教授。
1976 年购入的梵高椅，作为餐椅一直使用至今。

梵高椅是我的意中椅

以住宅建筑和家具设计而知名的中村好文先生，也是梵高椅的粉丝之一。

他自身也设计座椅，更拥有众多藏品，而其中让他最无法割舍的“意中椅”，就是梵高椅。他在随笔中如此写道：

> 如果被问到“什么是椅子”，我会将这把“梵高的椅子”默默拿出来。这就是我的回答。不知该用座椅的“祖型”来定义，还是该以“最像椅子的椅子”来形容，我只感觉，椅子的灵魂仿佛就栖宿其中。
>
> （《艺术新潮》，2002年12月号）

中村先生与梵高椅第一次相遇时，还是个建筑系的学生。当时，大学因学生运动而遭封锁，停课的一年半里，他在老师的建议下，开始经常出入日本民艺馆，欣赏温莎椅、李朝装饰柜、陶瓷器等，并在那里写生。就在那里，他遇到了梵高椅。

“当时觉得它的外形很好，是椅子本该有的形态。座面是梯形的，与双腿张开时的姿态恰相吻合。椅背呈倒三角形，上部较宽。这种人体形态反映在座椅上的特点，我尤其喜欢，觉得它非常合理。”

用了才知椅子的好

1976年，就职于吉村顺三设计事务所的中村先生，因工作需要经常去长野县小诸市出差，他偶然在当地一家民艺店里发现有梵高椅出售，当即买下了成人椅和儿童椅。至今，他还搭配着餐桌使用。

梵高椅坐起来并不那么舒服，但它的体型紧凑，座面小巧，搬用自如。座面两端的边框稍高于前部，形成一个贴合臀部形状的自然坡度。当人坐于其上，编结的座面因受重而产生的作用力，将边框构件向中央拉引，因而不容易损坏，甚为耐用——据中村先生说，类似这样使用之下得来的好感还有不少。入手至今已有四十余年，经过长期使用的座面不但毫无破损，反而生出一种特别的韵味。

“我常坐它。如果不坐，反而很难保持这么久。在使用的过程中，它会吸收一些油分，所以常用才会持久。如果只当摆设，很快就会变干发脆。最近坐得少了，但有段时期我每天都会使用它。在欧洲的那些大众饭馆里，这种座椅似乎已沾满了汗水和污垢，看上去软塌塌的，但这反而体现出它的结实耐用。”

发乎自然而诞生的造型

中村先生难以割舍的意中椅，还有意大利建筑师吉奥·庞蒂（Gio Ponti）于1957年设计的超轻木椅“Superleggera”，以及19世纪以来美国震颤派一直持续制作的梯背椅等。这些分别来自西班牙、意大利和美国等不同地区的座椅结构相近，都由椅腿和枨子纵横构成主体框架，靠背则均为数条横向木板。尽管它们产地不同，但在中村先生看来，与其去考求它们共同的起源和传播途径，他更愿意相信它们是在各个地区自然诞生的形态。人之所见略同，正可以说明其结构的合理性。

最早他通过黑田辰秋的旅行日记，得知梵高椅是用新鲜原木制成

中村先生于欧洲旅行时，在博物馆的商店中发现的迷你梵高椅，可置于掌心。

的，后来于长野县购得的那把，最初在触感上也保留着原木质感。或许使用的过程中椅子自身在缓慢地干燥，重量也随之变轻了。

据说，中村先生在进入吉村顺三事务所之前，曾经在职业培训学校学习过一段时间的木工，当时他还与同学们一起去京都拜访过黑田辰秋。

那时，黑田已完成了皇宫座椅的大项目，荣获“人间国宝”之称，确立了木艺大师的地位。对渴望从事木艺的年轻人来说，他是令人景仰的存在。当时，黑田正在给丹下健三[1]为草月会馆设计的桌子上最后一道面漆，他向同学们演示工艺，最后还招待大家吃了一顿乌冬面。

1 丹下健三：日本著名建筑师，曾获普利兹克奖。1964年东京奥运会主会场是其结构表现主义时期的代表作。

座面吸收了使用者手上的水分和油分，历经四十年而无破损。

坐感靠身体记忆

中村先生入手过不少椅子，并用之于日常生活。梵高椅约花了四千日元，而超轻椅“Superleggera”是在他工资五万日元时，花九万日元买下的。如此不惜成本，自有其理由。

“舍出自己的某些东西去交换——若没有这样的切身感受，就称不上真正拥有。所以在椅子上，我很舍得花钱。我所就读的武藏野美术大学，图书馆里有不少椅子名作，但我不满足于仅仅观赏，对于中意的椅子，我希望能拥有它们，与之一起生活。不实际使用过，就会不甘心，或许是这样的心态作祟吧。所以我每天都会使用它们，坐感靠的是身体记忆，对尺寸大小等的直观感受也是如此。如此才能让它成为我身体的一部分。”

这些吸收来的、融为血肉的身体记忆，会在设计椅子时自然地被唤醒。出自中村先生之手的那些既养眼又好坐的椅子，想必也包含着梵高椅的精髓。

中村先生家中的各式椅子。左侧靠里是 19 世纪的英国温莎椅，左前是中村先生设计的温莎椅。
右侧靠里的那把也是中村先生设计的。

第7章

前往梵高椅的故乡——瓜迪克斯

滨田庄司和黑田辰秋曾造访的，

制作梵高椅的小镇瓜迪克斯，

究竟是一个什么样的地方？

那里如今是否还保留着制椅的传统？

循着大约五十年前的足迹，我走访了当地。

阿尔罕布拉宫与格拉纳达的市街。

格拉纳达老城区的日用品商店。

店主人曼努埃尔·莫利纳先生。

店内也有儿童椅。

机械加工的椅子贴有“Silla Andalucia”（安达卢西亚的椅子）的标签。除了上彩漆的款式，也出售原木椅。

日用品商店中的类梵高椅

1967年6月，黑田辰秋一行首先造访的是安达卢西亚自治区的格拉纳达市。该区境内的内华达山脉拥有海拔三千米以上的连峰数座，格拉纳达就在内华达山脉的山脚下，有二十三万人口，作为伊比利亚半岛上伊斯兰王朝的最后定都之所而闻名遐迩。这里的阿尔罕布拉宫等伊斯兰教遗址被认定为世界遗产，吸引了来自世界各地的众多游客。

在老城区，我发现了一家经营篮筐和餐具等日用品的商店，店内摆着的几张座椅，造型与梵高椅相类。其中既有原木成品，也有上了明亮彩漆的款式；成人椅之外，亦有儿童椅。彩色椅子上标有"Silla Andalucia"（安达卢西亚的椅子）的字样，但据店主曼努埃尔·莫利纳（Manuel Molina）先生介绍，这种椅子并非来自安达卢西亚的格拉纳达，也不是来自瓜迪克斯，而是自邻州的阿尔瓦塞特进货来的。约十五年前，他们还会从瓜迪克斯采购座椅，但由于瓜迪克斯的椅子全出自手工，随着工匠年事渐高，不仅产量减少，质量也降低了。无奈之下，莫利纳先生从周边的城镇采购机械加工的椅子，售价也相对低廉。如今，这样的成人椅每把三十一欧元（约四千日元），价格平易，平日均可售出一把。顾客大多是当地人。"那些没钱到家具专卖店去选购高级家具的人，就会来我们这里。"曼努埃尔说。

梵高椅和弗拉明戈之间的关系

漫步于格拉纳达市中心的步行街，会看到一位弗拉明戈歌手的铜像矗立其中。她叫玛丽亚·拉·卡纳斯特拉（Maria La Canastera），被

矗立在格拉纳达市内的玛丽亚·拉·卡纳斯特拉和三把梵高椅的塑像。

玛丽亚的儿子恩里克。玛丽亚曾经住在这个洞窟里。

后腿笔直，以便于紧贴墙壁摆放。

挂在剧院墙上的一张 1925 年的照片。座椅形态更接近黑田曾造访的格拉纳达制椅工坊的椅子。

狭窄的洞窟中正上演着激情四射的舞蹈。

誉为格拉纳达最卓越的弗拉明戈歌手之一。人像边上还摆着三把梵高椅。事实上，弗拉明戈与梵高椅之间有着深厚渊源。

格拉纳达市内的萨克罗蒙特地区到处都是弗拉明戈剧院，这些剧院皆由岩壁上挖凿的洞窟建成。当年，基督徒侵入西班牙，被称为吉塔诺（Gitano）的西班牙吉卜赛人、被迫改宗易教的穆斯林和犹太教徒们为逃避迫害，迁徙于此。他们在此从事手工艺和艺能表演，为这里带来了多样的文化。悲伤而热情的弗拉明戈由此应运而生。

玛丽亚于1913年在这里出生。她的父亲是一名编筐工匠，这也是她的艺名卡纳斯特拉的含义——编筐女孩。1953年，她将洞窟住宅中的客厅翻新改造，开办了弗拉明戈剧院，现由她的儿子恩里克·埃尔·卡纳斯特罗（Enrique El Canastero）继承。在粉刷成白色的狭窄洞窟内，摆有六十把梵高椅，供歌手、舞者和观众就座，天顶上悬挂着无数铜和黄铜制的锅具，这是他们过去从事过的职业——补锅匠的象征。我问恩里克，为什么要使用梵高椅？他告诉我，过去，弗拉明戈表演者通常会自己制作这种座椅，座面也亲自编织。他本人在年轻时就曾经补编过座面。这些梵高椅后腿笔直，或许是为了在狭窄的洞窟中能够紧贴墙壁摆放。如今，它已成为弗拉明戈舞台上必不可少的小道具，大多被漆成红色或绿色，但传统上还是以白木为主。

剧场里挂着一张有数把椅子的旧照片，其背板形状与日本的梵高椅相较，弧线更饱满，更接近黑田当年造访的格拉纳达的制椅匠所做的椅子（参阅第64页）。可见，椅子形态的微妙之别也具有地域性。

拜访杜达尔的制椅匠

我听说在格拉纳达市郊一个名为杜达尔的村庄里，有编织座面的工匠，便动身去拜访。这同样是一个依岩壁挖凿的洞窟式工坊。织匠胡安·曼努埃尔·冈萨雷斯（Juan Manuel Gonzalez）生于1958年，他从十六岁开始学习座面的编结技术，并于二十四岁进入制椅工坊工作。直到20世纪60年代，居民只有三百五十人的杜达尔村，就有五十人从事座面编结的手艺。繁忙时，胡安·曼努埃尔一天要为十多把座椅编织座面。材料所用的香蒲草，西班牙语叫作“Anea”。这种草自然生长于塞维利亚的瓜达尔基比尔河，要赶在抽穗前的8月收割并干燥。编织匠们成捆地购入这种干草，在编织前一天将其浸入水中以软化。编织时，用手指将数根干草边搓捻边绕着座面来回绑，若干草的强度不够了，就另外接上，同时继续搓捻，直到编结成型。

后来，手工座椅开始滞销，胡安·曼努埃尔所在的工坊也不再出产座椅了。四十岁那年，他转行去了一家生产灯具的公司，只偶然接一些编座面的私活儿。如今，这里已没有编织匠，胡安·曼努埃尔成了村里最后一位掌握这项技艺的人。他边跟我们聊天边做工，约一个半小时就编好了一个座面。站在他身边的妻子说：“过去编得更快，飞快得看不清他手上的动作。”胡安·曼努埃尔敲了敲编得十分紧致的椅座，面露笑容：“如果正常使用，我保证它能用上二十年。”

从格拉纳达到瓜迪克斯

有意思的是，瓜迪克斯在当地念作“瓜迪”，词尾不发音。

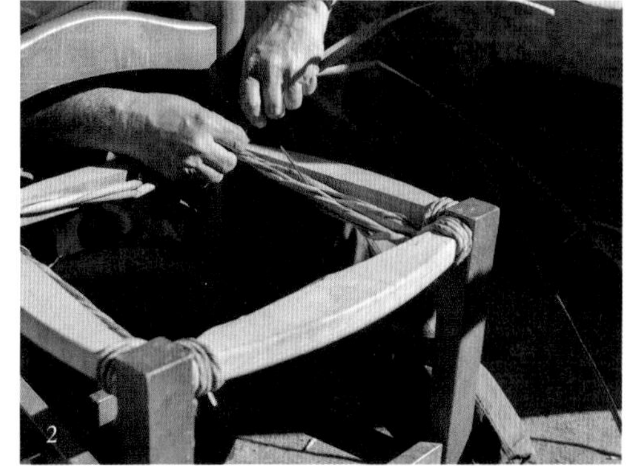

1. 开凿在岩壁上的洞窟工坊前，胡安 · 曼努埃尔正在编结座面。

2. 数根干草捏成一把，边搓捻边编结。强度不够则一根根补接。

3. 工序上，由四角向中心编结而成。表面是拧编，背面则没有拧绞，呈笔直排列。

4. 最后用金属工具整理脉络。

5. 一个半小时完成。编好的椅子飘着一股新鲜的草香。

从黑田辰秋1967年的游记中，可知当年从格拉纳达到瓜迪克斯是一条“铺设不完备的道路”，他写道：“沿着富含石灰质的红土坡路上上下下，行驶了大约两个半小时以上，才终于到达瓜迪克斯。”如今，高速公路早已通车，一个小时即可抵达。道路两侧的红土生长着松树、白杨和橄榄等树木。在这个年降水量不到500毫米——还不及东京三分之一——的干旱地区，适宜生存的植物极少，橄榄则是其中之一。种植橄榄主要是为了果实的采收和榨油，安达卢西亚自治区因而是世界上最大的橄榄油生产基地。

在瓜迪克斯周边，到处都种植着白杨树，细而笔直的树干林立。白杨树的根系在地下扎得很深，干燥的土壤中也能生长，且长势迅猛。在这一地区，作为可就近获得的有限木料之一，它被广泛用于住宅建材、脚手架和木桩等土木工程和家具的材料。梵高椅之所以使用白杨木，原因也在这里。胡安·曼努埃尔的父亲过去便从事白杨树的种植和采伐工作。据说，白杨仅需五六年就能长到可用于制作椅腿的粗细。

黑田曾在记录中描述：“在接近瓜迪克斯的地方，随着山势的起伏，道路两侧小山丘的山腰上，三三两两地出现了一些依山壁开凿的住宅式建筑，上面耸立着细长的烟囱。不知应该叫半穴居还是洞窟，总之属于原始房屋的一种。”人口总数约为一万九千人的瓜迪克斯，是西班牙洞窟住宅保留数量最多的城市，达两千户左右。如今除了用于住宅，也用作餐厅和酒店。过去，这些洞窟曾经是人们逃离迫害的避难所，尽管处于严寒酷暑之地，室温却可全年保持在十八至二十摄氏度之间，这个优点使它正重新受到人们的关注。

瓜迪克斯郊外的白杨林。11 月上旬迎来绚烂黄叶。

随处可见洞窟住宅的瓜迪克斯风貌。

洞窟生活所必需的梵高椅

该地区有一座瓜迪克斯市政府开设的洞窟住宅博物馆，其中陈列着许多手工椅子。

玛丽帕兹·埃克斯波西托（Maripaz Exposito）在这座博物馆里工作，她的祖父母和父母就曾经住在洞窟中，哥哥和姐姐儿时也曾在其中生活。据她介绍，母亲在干所有家务时都会使用这种轻巧易挪的椅子。洞窟中见不到阳光，所以在天气晴好的日子里，他们会把椅子搬出来放在屋前，在阳光下裁剪缝纫、削土豆皮，或是在座面上放一个洗脸盆，在室外给孩子们洗头。洞窟中空气阴湿，头发不容易干。一家人在玛丽帕兹出生之前就搬到了镇上，而家中的梵高椅是她的母亲结婚时带来的陪嫁，如今玛丽帕兹继承下来，仍在使用。

可以看出，梵高椅是洞窟生活必不可少的用具，但关于椅子的历史和技术，博物馆中却无任何说明。或许是因为它过于平常，只是由一众工匠制作出来的日常杂货而已。

在洞窟住宅博物馆中的玛丽帕兹·埃克斯波西托。

博物馆的影像资料视听角使用的椅子。椅背形状独特，很有特点，在 1972 年 GRANPIE 的冈田夫妇访问瓜迪克斯时的照片中，曾经有这种座椅的制作情景（参见第 159 页）。

马诺罗·罗德里格斯·马丁内斯先生。

孤独的制椅匠

瓜迪克斯的椅子始于17世纪。黑田辰秋造访的20世纪60年代，瓜迪克斯曾有多达十二间制椅工坊。这些工坊随着时间的流逝而逐渐消亡，如今只剩最后一个工匠。

上面的照片中的人物就是这位工匠，马诺罗·罗德里格斯·马丁内斯（Manolo Rodriguez Martinez）。1964年，刚满十二岁的他就成了一名制椅匠。在当时，这是一项极为普遍的职业选择，他的亲戚中就有不少从事制椅工作的。马诺罗工作的地方就位于黑田所造访的那家工坊附近，在那之后，从日本发来的梵高椅订单，马诺罗都会参与制作。最忙的时候，他和工坊主两个人一天要组装出三十把椅子。

从十二岁开始制作椅子的少年马诺罗。

最忙时，两个人每天要制作三十把椅子。

正在编结儿童椅座面的福利机构的工人们。

印上名字、等待发货的儿童椅。也有原木制成的座椅，但大部分都涂装艳丽。

马诺罗先生如今在瓜迪克斯市内的一家残障人士福利机构中传授制椅技术。那正是GRANPIE的冈田寿女士曾到访过的地方。

该机构中设有六个工坊，包括木工、陶艺和缝纫等，共有一百名残障人士在此参与产品制作。梵高椅也是市内商店中出售的热门商品之一。

据马诺罗先生介绍，该地区制作的座椅款式多达四十种。其中，被日本人称为梵高椅、所有部件都是用刀具手工切削而成的款式，叫作“马尔卡·巴斯塔”(Marca Basta)。“马尔卡”意为“型”，“巴斯塔”代表“粗”。换言之，它就是未经细加工和装饰的“粗型座椅”。

事实上，梵高椅如今在当地已停产。割断和切削纤长的后腿极耗体力，对于已六十过半的马诺罗先生而言并不轻松，身体残障的工人也无法胜任。

粗放的刀工一如从前

马诺罗向我们展示了一系列工序。木料是直径约10厘米的白杨，砍伐后堆放了三至四个月。虽然椅腿可以直接使用刚砍下的生木，背板和枨子等部件的木料则须经过干燥，以防日后收缩造成松脱。

工坊的墙壁上悬挂着不同型号座椅的标尺。每一把标尺上的不同刻度，分别代表该型号座椅各个部件的长度，如此可以得出一把椅子的尺寸，既方便又合理。

用标尺测量好尺寸，便可开始切割。在1967年黑田拍摄的录像里，工匠用刀具切割木料，如今，工匠使用的是斧头。白杨木质地较软，砰砰数下，木头就发出了脆而干的断裂声。接着进一步加工，用一块名为“佩托”的腹垫压住木料，以一种叫作“库奇加”的刀具快速地切削数下，不到一分钟，背板就完成了。凭借五十多年的经验，马诺罗的手部动作自然流畅，无需模板，就做出了瓜迪克斯椅特有的背板形状。

椅腿的加工使用的是电动车床。这种设备在黑田辰秋造访的20世纪60年代就有了。用车床切削加工出装饰感，这样的座椅叫作“特尔内阿德”(意为“使其旋转”)。在西班牙人看来，特尔内阿德椅子比粗糙的巴斯塔椅子要高级。

在制椅之乡瓜迪克斯，如今能制作椅子的工坊只此一家。马诺罗先生笑着说：“我也差不多要退休了。”工坊里有一位年轻学徒在向马诺罗学习技术，但资历尚浅，只能做两三种椅子。

材料白杨木和香蒲草。木料的直径只有约10厘米。

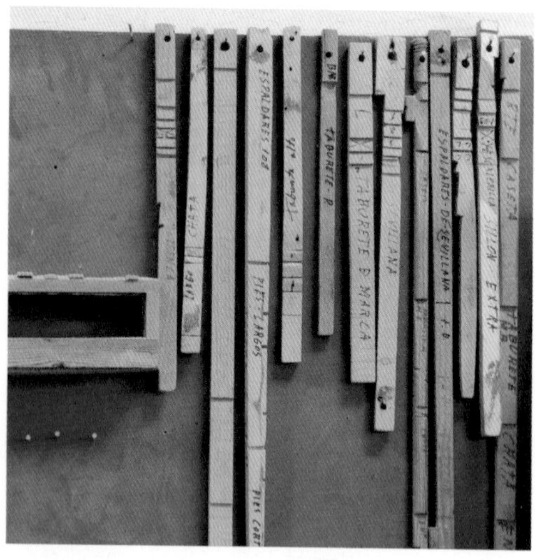

每种型号座椅的不同标尺。

1. 用斧头切割材料的马诺罗先生。

2. 一种叫作“库奇加”的刀具。因是推拉使用，一侧手柄为便于在手中旋转而呈圆形。

3-4. 切削靠背板的马诺罗先生。

5. 用电动车床加工椅腿。

6. 各种尺寸的梵高儿童椅。从最小的椅子起，分别为“Mini juguete”（迷你玩具）、“Juguete”（玩具）和“Decoración”（学校用）。

探访与黑田友情渐深的工匠家人

黑田曾经两度造访，建立起友谊的制椅匠一家现在在做什么呢？我询问马诺罗，他告诉我，那位制椅匠赫斯·加西亚·雷巴（Hess Garcia Reyba）已于1983年去世，但他女儿（右页图一照片左前方）如今仍生活在瓜迪克斯。没错，就是乾吉嚷嚷着要送珍珠的那位姑娘。我带着当年的照片去拜访她。

这位名叫卡门·加西亚·雷杰斯（Carmen Garcia Legess）的女士，在照片拍摄时只有十七岁。她的父亲赫斯当年经营的制椅工坊拥有六七名木工和十多名兼职的编织匠，在瓜迪克斯属于颇具规模的工坊。卡门女士从小在自家的工坊里帮忙，从十一岁时起就开始编结座面，一直做到二十四岁结婚为止。

卡门女士仍然记得日本人一行的来访："日本人在工坊里参观、拍照，还送给我一个用和纸制成的钱包作礼物。当时我太年轻，记不清具体细节了，但是知道有人从遥远的日本专程来看我父亲做椅子，觉得非常自豪。"

赫斯先生为家人制作的许多椅子，如今仍在女儿卡门的家中使用。赫斯先生于六十五岁退休，直到七十二岁去世，他一生都在做椅子，并乐在其中。如今，卡门女士的外孙也即赫斯先生的曾外孙，正用着他当年做的儿童椅。

赫斯先生去世后，工坊因后继无人，最终转让了出去，如今已不复存在，但是那些工具被马诺罗先生继承了下来。而赫斯先生生前制作的、饱含心意的座椅们，会一直被家人传承。

1. 1967 年黑田到访时的制椅匠赫斯・加西亚・雷巴先生（后排中间）和她的女儿卡门（左前）。

2. 卡门女士看着笔者带来的照片，回忆当年。　3. 卡门夫妇、两个女儿和外孙。

4. 赫斯先生为自己和家人做的椅子。　5. 可以拿在手上的小小儿童椅。

第8章

制作梵高椅

制作梵高椅的门槛并不高，初学者也能快速上手。
使用原木（Green Wood）的木工（Wood Work），
即“绿色木工”。
这一章里，为你介绍以绿色木工的工具
制作梵高椅的工序。

制作指导
加藤慎辅（大同大学制造设计专业技术员，绿色木工研究所）

图纸 · 部件清单

对河井宽次郎纪念馆的椅子进行实测，转换为图纸（制图：加藤慎辅）

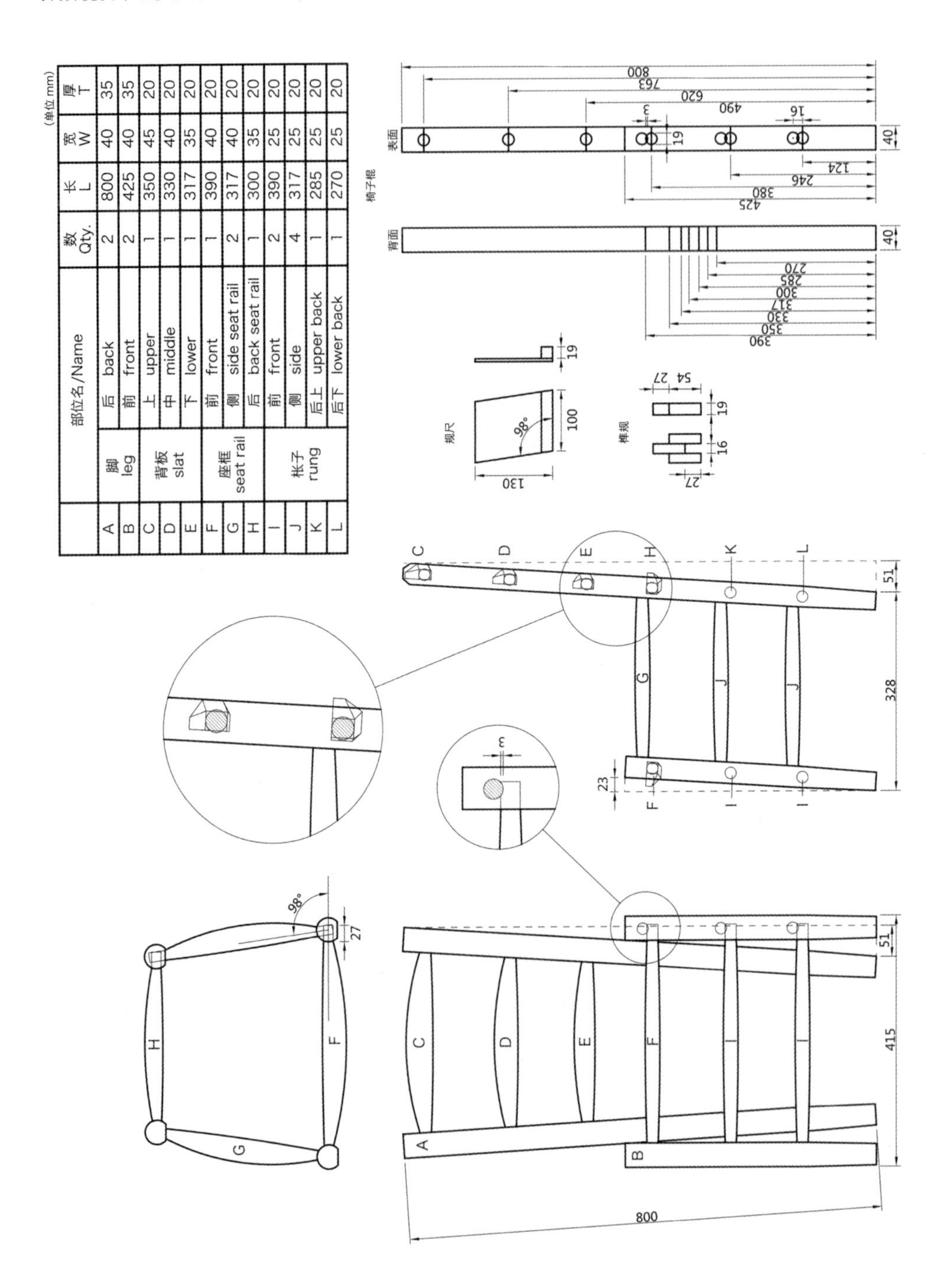

(单位 mm)

	部位名/Name		数 Qty.	长 L	宽 W	厚 T
A	脚 leg	后 back	2	800	40	35
B		前 front	2	425	40	35
C	背板 slat	上 upper	1	350	45	20
D		中 middle	1	330	40	20
E		下 lower	1	317	35	20
F	座框 seat rail	前 front	1	390	40	20
G		侧 side seat rail	2	317	40	20
H		后 back seat rail	1	300	35	20
I	枨子 rung	前 front	2	390	25	20
J		侧 side	4	317	25	20
K		后上 upper back	1	285	25	20
L		后下 lower back	1	270	25	20

材料

使用一根直径约200毫米的扁柏原木。因座椅后腿的长度为800毫米，留出余量，材料长度有850毫米左右即可。杉树和扁柏日本全国各地都有栽种，但杉木质地太软，不适合做椅子。在杂木林中如果能找到直径50—100毫米、树干笔直的树木，也可以收集几根。上图左边的树材是野茉莉。

关于木材的获取，可以在林地所有者许可的情况下，砍伐一些原木。如果不清楚，也可以就近咨询林业协会、林业公司，或设置在每个都、道、府、县的森林建设委员会（援助中心）。座面原本是用香蒲草或灯芯草的草叶束股编结而成，但这两种材料较难入手，因此建议使用绳状成品——园艺用的灯芯草绳。直径5毫米、长度约75米的草绳可以编结一个座面。照片上是150米的市售品。

工具

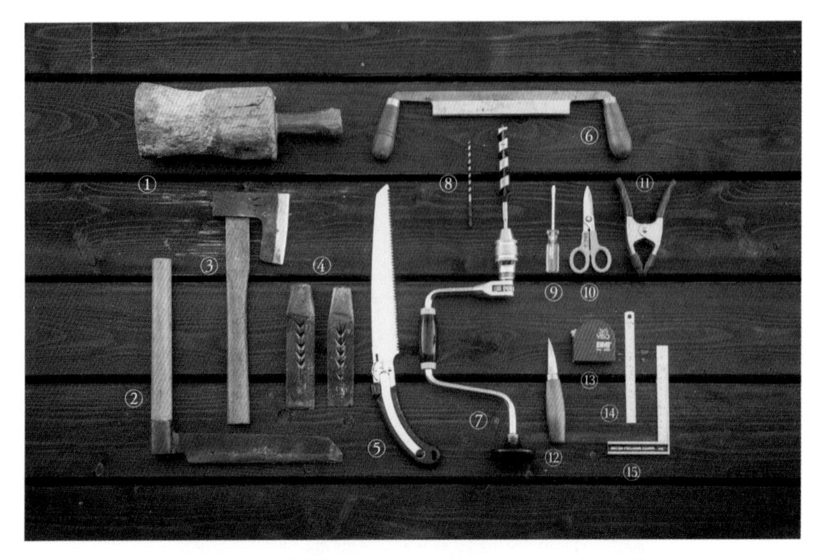

①木槌 ②锛子（L 型的刀具，英文为“froe”）③斧头 ④楔子（一套两只，成对使用）⑤手锯（切割原木所用的锯齿较粗的锯子）⑥铣刀（双手带手柄的刀具）⑦手摇钻（称为摇钻或缲子锥）⑧钻头（使用直径 4 毫米和 19 毫米的钻头，用冲钻钻头比较好）⑨平口螺丝刀 ⑩剪刀 ⑪夹钳（用于固定和修剪绳索）⑫小刀 ⑬卷尺 ⑭直尺 ⑮拐尺（直角尺）

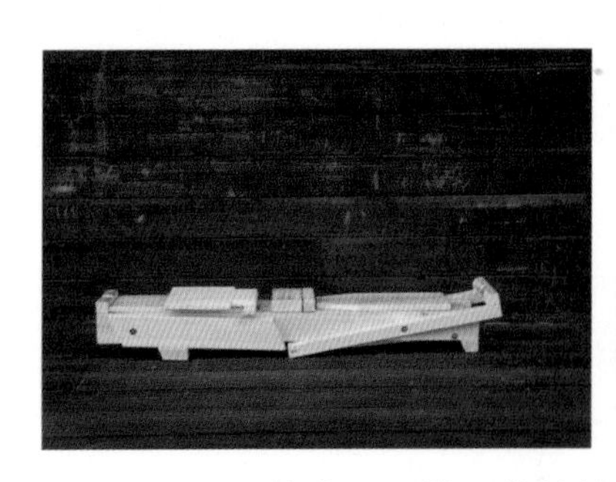

便于切削作业的木工马凳。将材料放在凳面上，用脚踩在踏板上以固定材料。照片上的马凳是笔者自行设计的，可折叠。用扁柏木制成。

切割备料

1. 从原木上切取出用于前后支腿的材料。粗径材料使用楔子比较易断。将两个楔子插入中心，使用木槌交互敲击以使木材断开。

2. 如果从顶部敲击未能断开，可以将楔子插入侧面，继续断料。

3. 断好的材料。

4. 支腿横截面的最终尺寸为 40×35 毫米，因此用斧头或锛子将其切割成边长 45 毫米的方形。

5. 斧头不是从上方挥下，而是将它抵在材料上，然后用木槌从上方击打，可以准确劃裂。

6. 锛子用于裁断细长的材料或薄板，留出均匀的厚度进行切割。在英美国家，它被称为“froe”，是一种较为常见的工具，但在日本，却只在岐阜县高山地区流传下来。用木槌敲击以插入刀刃。

7. 从上方看。

8. 插进图示用具中，利用杠杆的力量将其割断。使薄面在上，厚面在下，利用体重施力将其掰开，可以保证断痕笔直而不致劈偏。

9. 当使用直径较小的原木时，可以像梵高椅那样直接使用原木芯材，但是由于树种的关系，有些芯子很容易呈放射状开裂。如果是直径 100 毫米左右的材料，最好将原木从中央分成两半用于支腿。

锯割

10. 成品尺寸的前腿长 425 毫米，后腿长 800 毫米。稍微留出余量，将前腿材料锯成 450 毫米。放在木工马凳上进行锯割，比较容易操作。

切削椅腿

11. 将断痕最光滑的那面朝上，放在木工马凳上，用铣刀切削平整。放置材料的台面可以像缩放仪一样上下移动，因此，将材料置放于刚好能够被夹住的高度，只须将脚轻轻踩在踏板上，就可以牢固地固定住材料。

12. 铣刀是单刃刀片，刀刃的一面有坡度，而另一面是平的，将平的那面朝上，可避免刀刃过多地嵌入材料，用起来更方便。

13. 当一面切削平整之后，在从该面到 40 毫米处做标记，将反面切削至该标记处。

14. 另外两面也以同样的方法切削平整，最后加工成横截面为 40×35 毫米的木棒。

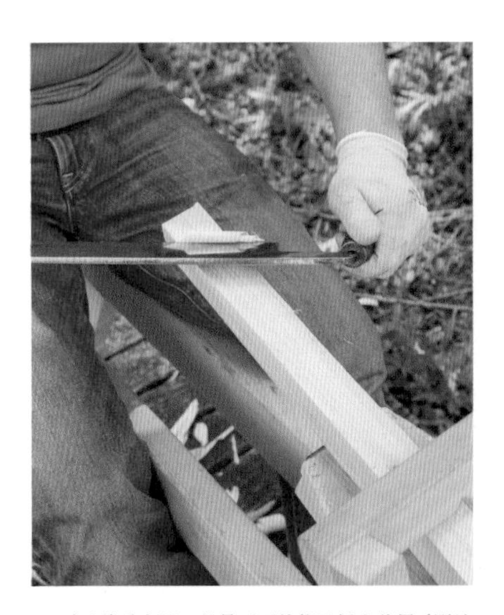

15. 对于前后支腿，从最下面的枨子插入位置（距地面约 120 毫米）到底端，略微削细成锥形。要使宽面看上去美观，最好将铣刀稍微倾斜，以滑动的方式进行切削。

16. 四条支腿削出棱角，外形接近于八角柱。

切削枨子

17. 连接支腿的较细构件叫作枨子。成品座椅的枨子横截面为 25×20 毫米，可按照 30 毫米见方的尺寸来取材。一共八根枨子，最长的枨子 390 毫米，因此首先锯切出八根长约 400 毫米的材料。然后再分别按照各自的长度(I，J，K，L)进行锯切。像枨子这样较细的材料，使用锛子取材会比较方便。

18. 枨子两端称为“榫头”，榫头部分会插进开在支腿上的“卯口”中，尺寸相同。按照图纸制作一个“榫规”，用起来会比较方便。

19. 套入榫规进行测试，将榫头全部加工成相同的尺寸，断面为 16×19 毫米，长度为 27 毫米。

靠背板、座框的切削加工

20. 尽可能平行切削，以使其能够插到卯口 27 毫米标记处，否则在组装时，榫头插不到底。

21. 为使榫头便于插入卯口，适当切削，略微倒角。

22. 三块靠背板和四根座框形状相同，但大小以及榫头的朝向不同，须注意。先将宽度和厚度切削成比部件清单上的尺寸各多出 5 毫米，再用铣刀加工至所需尺寸。例如“背板 C”，先锯割成 350×50×25 毫米，然后再切削成 350×45×20 毫米。两端用铅笔画出长度 27 毫米的榫头和弧度，再用铣刀削至那条线。

23. 注意榫头的前端不要过细。切削到图示的位置后，抬起两只手腕，切削到一半的部位会沿着木纹剥落，就可以制成笔直的榫头。

24. 根据预划线加工成型的靠背板。

25. 此时，靠背板和座框榫头的朝向不同，须加以注意。照片中左侧是座框，右侧是靠背板。将榫头垂直插入支腿上的孔中。如果水平插入，榫头会像楔子一般产生作用力，造成支脚开裂(请参见图纸)。

26. 对于靠背板和座框，画出弧线的部分都要单面削薄。切削过的一侧都放在背面。

开孔①

27. 为使两条前腿之间以及两条后腿之间相连，需要开孔。将图纸中的“椅子棍”与支腿部件的下端对齐，将开孔位置复描在材料上。椅子棍上双重显示枨子的开孔位置，此处复描的是下孔的位置。

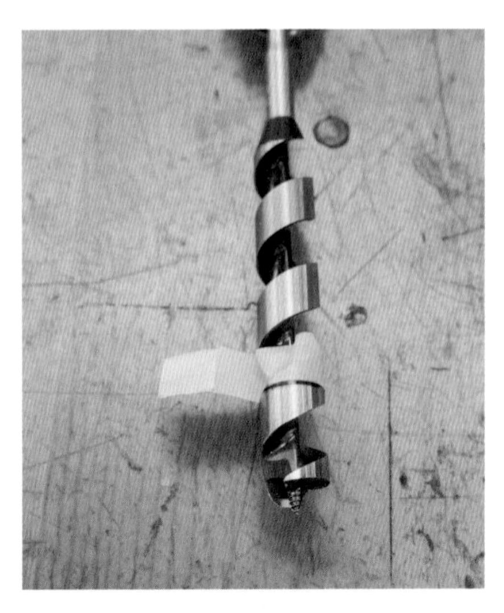

28. 将直径为 19 毫米的钻头安装到手摇钻上，并在距平刀刃 27 毫米处做标记。请注意，它不是到钻头中心的尖头的距离。如果中央尖突的螺丝太长，则会穿透材料。建议使用冲钻短钻头，它的螺丝较短。

29. 用夹钳等工具将前腿固定在工作台上。用一只手握住手摇钻的手柄，用额头或下颚抵住以使其稳定，然后用另一只手转动它。为保证钻头与支腿呈直角，最好将拐尺立在前方。

30. 当钻到标记位置后，逆向旋转孔钻将其拉出。

31. 开孔结束后，插入标尺确认深度。如果达到 27 毫米就 OK。

32. 后腿下端抬高 51 毫米，固定在工作台上，按垂直方向钻孔。

33. 正在开孔。

34. 按照从下到上的顺序，枨子两处，座框一处，靠背板三处，一条后腿上共开孔六处。

组装①

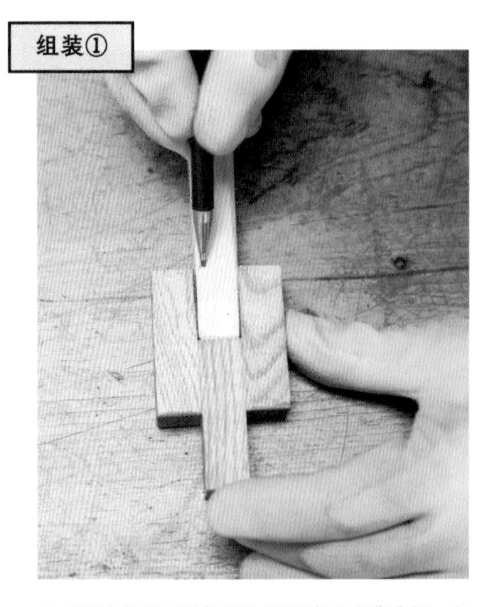

35. 将两条前腿和两条后腿分别用枨子与靠背板、座框连接起来，进行组装。在开始组装之前，使用榫规在靠背板、座框和枨子的所有榫头的 27 毫米处作标记。以用来检查是否能够完全插入。

36. 将最长的枨子（I）敲入前腿下方的两个孔中。确保榫头的断面与支腿垂直。将座框（F）插入前腿最上面的孔中。也可以在榫头涂上木工黏合剂，但是早期的梵高椅未涂黏合剂，此处遵循其做法。

37. 将座框敲入前腿之前和之后的状态。方形榫头的角吃进圆形孔的外侧，楔进孔中。

38. 将三根部件敲入到标记位置后，将另一条前腿放在顶部，用一块垫板垫好，从上方敲击。同样敲到榫头的标记位置。

39. 按照从上到下的顺序依次将三块靠背板（C，D，E）、座框（H）和两根枨子（K，L）敲入后腿。靠背板和座框有正反面，须加以注意（请参阅第 190 页的图纸 · 部件清单）。

40. 敲入六根部件之后，像前腿一样，将另一条后腿放在顶部，使用垫板从上方敲入。

41. 将组装好的部件与前后支腿都放在工作台上，检查是否扭曲。如果出现扭曲，则像图示那样将支腿插入工作台面，向相反方向施力扭动，以消除扭曲状态。

开孔②

42. 在与先前插入的枨子部分重合的位置打孔。用椅子棍标记孔的位置。在椅子棍上显示的两个位置中，上面的为枨子用，做复描标记（照片下方的为上）。

43. 后腿下端抬起 51 毫米，进行开孔。

44. 因须在座框和枨子朝着前脚方向打开的状态下进行开孔，在手钻旁边放置一个 98°角规，对准角度打孔。

45. 前腿上端抬高 23 毫米，固定（不是下端，见图）。

46. 由于座框和枨子的角度朝着后腿方向收缩，因此如图所示，将角规反向设置进行开孔作业。

组装②

47. 将前腿放在工作台上，从上方依次敲入座框（G）、枨子（J）和枨子（J）。孔有角度，须注意。

48. 抬起另一侧的支腿，则可以从正上方敲击，更容易操作。

49. 接下来，将后腿置于下方，将插入了座框和枨子的前腿置于其上方，使用垫板从上方敲击。此时，将敲击侧的后腿放在台面上并将其抬起。

50. 整体组装上之后，将其放在平坦的工作台上，从前后左右各个方向查看，检查是否出现扭曲。

51. 如果扭曲，将其按在地面上朝反方向扭动，以消除扭曲状态。支腿的下端将在稍后进行锯切修整，因此放置在台面上时，即使高低不平也没关系。

52. 按在工作台上以消除扭曲。

完成组装

53. 插入木钉固定榫头，以免使用时发生松动。将木钉插入靠背板（C）的两端和最下面的枨子（J）的两端。将这些部位固定，再加上座面的编结，整体就不会松动。

54. 木钉约4毫米见方，约50毫米长。可以利用多余的材料来制作，也可以使用方便木筷。

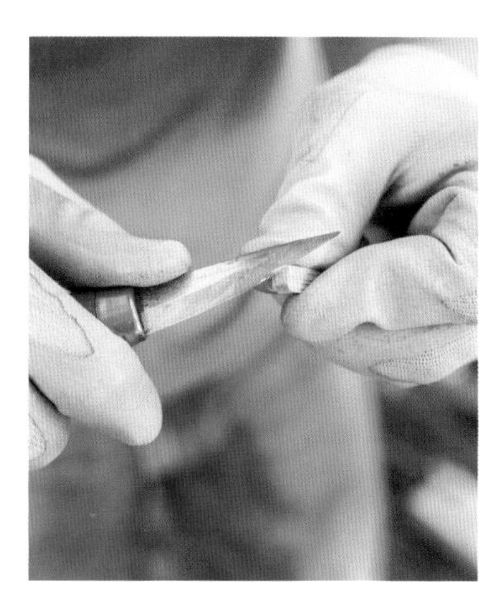

55. 用小刀削尖木钉头，使其可以轻松插入孔中。

56. 将 4 毫米钻头安装在手摇钻上，用纸胶带在 20 毫米的位置做标记。将椅子固定在工作台上，以穿透榫头的感觉进行开孔（不要穿透支腿）。

57. 当到达标记时，逆向旋转将其拔出。

58. 敲入木钉。如果过于用力，钉头会碎裂或折断，须小心。当敲击声音变得沉闷时，则表示已到达孔的底部。

59. 用锯切掉多余的木钉。

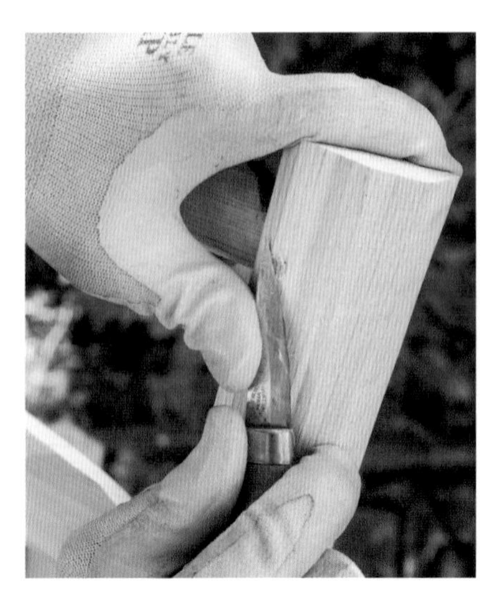

60. 用小刀修平。

61. 将前腿的上端锯掉，使其从下到上的长度为 425 毫米。距座框（G）约 20 毫米。

62. 将后腿的顶端用铣刀进行大倒角。骑跨在椅子上使其固定，进行此项操作。

63. 前腿的顶端也同样进行倒角。可以用小刀代替铣刀。

64. 框架完成。

编结座面

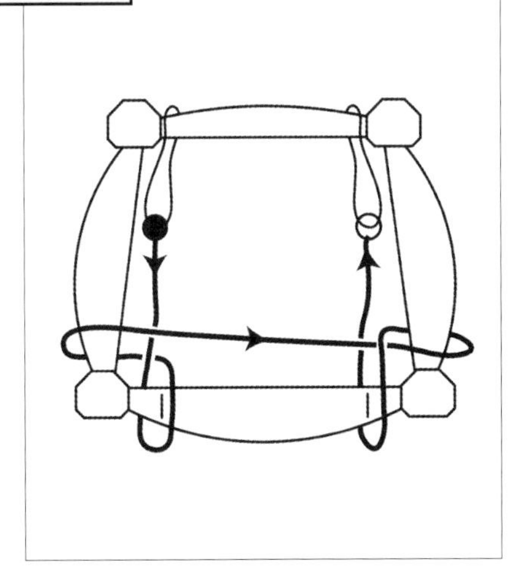

65. 通常椅子的前部比后部要宽，但为使前后空间保持一致，要在前部编结一条短绳。这种方法叫作“舍编”，以图中所示的顺序进行编结。

66. 在后部座框用绳子做两个小环。

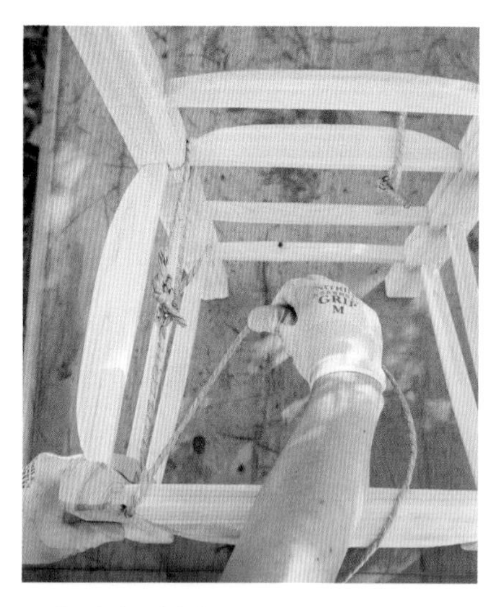

67. 剪一段约一米长的绳子，将一端绑在环上，然后开始编结（第 65 步图中的●标记）。从下到上穿过前方座框。

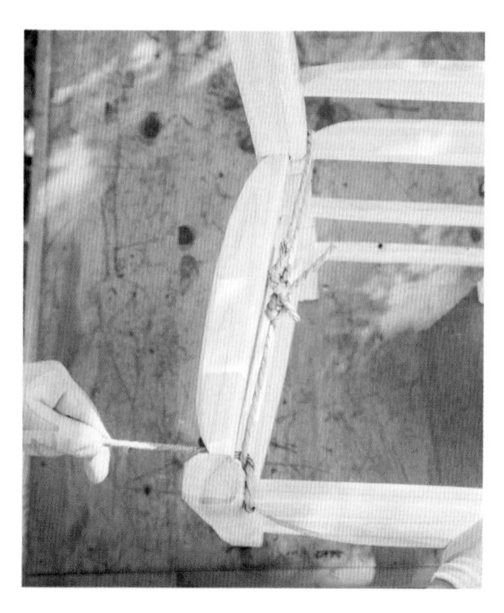

68. 在前后连接的绳子下方越过，从下到上穿过左侧座框。

69. 将返回到左侧座框上方的绳子直接拉向右侧座框。从上到下穿过。

70. 越过左右连接的绳子上方，从上至下穿过前座框，再转到右后方的小环。

71. 将其绑在小环上，剪掉多余的部分。（第 65 步图中的○标记）。这样就完成了一次舍编。

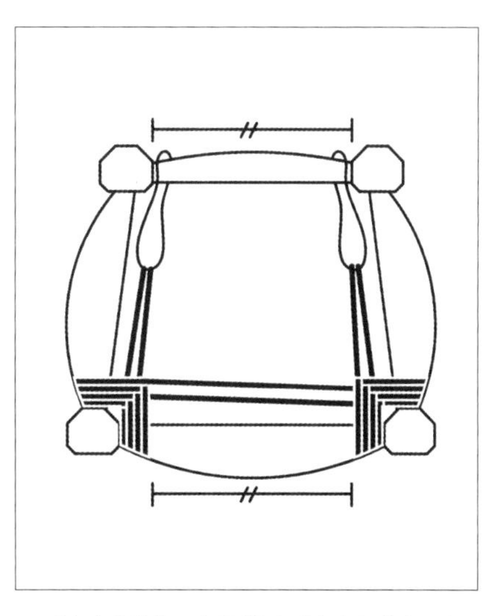

72. 重复舍编作业，直到后部和前部空间达成一致。

73. 舍编完成之后。由于舍编的部分随着编结的推进而逐渐收紧，因此此时拉得不够紧也没有关系。

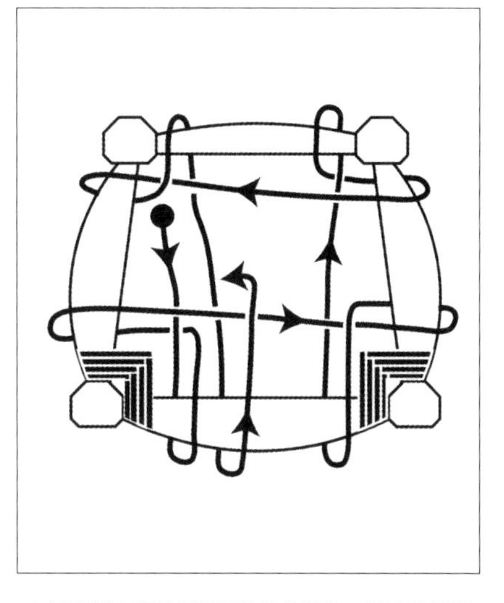

74. 按照图中所示顺序开始编结整体。横向穿绳时，从座框的上方，纵向穿绳时从座框的下方，按照这样的规则，比较容易记住。

75. 如果将绳索每 4—5 米剪成一截，操作起来会更简便。不够的时候可以接起来使用。将绳头绑在左环上开始编织。

76. 按照左前、右前的顺序，编结到右后时的状态。由于是纵向，因此从下方穿过再向上。

77. 在前后连接的绳索下，在右侧座框下穿过，然后向上。

78. 因为是横向，所以从上到下。至此完成一周。

79. 如果绳子用完了，打平结接续。交叉绳头，上面的绳子还翻向上面，下面的仍向下翻，这样比较容易记住。

80. 系紧绳结即完成接续。如果使接头靠近通过座框下方的位置，完成时接头会在座面下方。

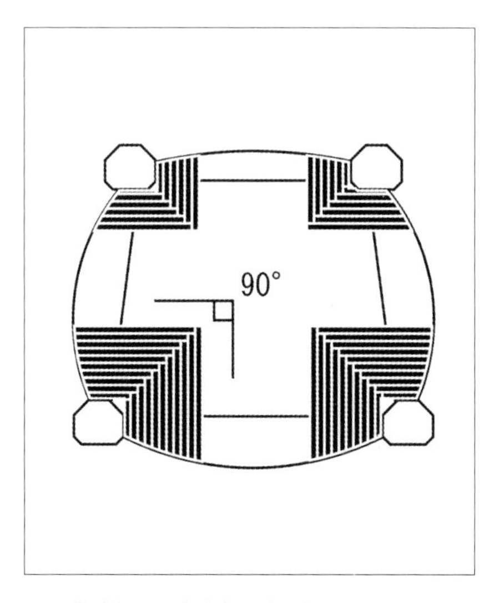

81. 使相交的绳子成直角，像做折痕一样进行编结。可以在编结之后不时用刮铲整理。

82. 使相交的绳子成直角，像做折痕一样进行编结。

83. 先将侧面编好。

84. 穿过正中央的孔，前后来回编织。

85. 用平口螺丝刀塞紧，确保没有缝隙。

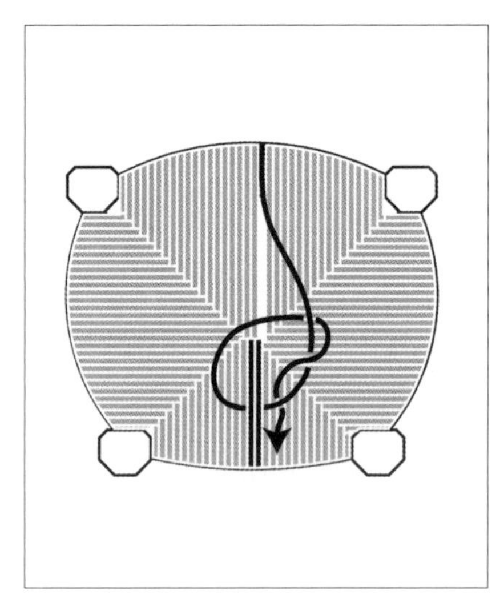

86. 最后在背面打结。

87. 提起中央部位的两根绳子，使最后的绳头从下方穿过。

88. 打结。

89. 将绳结拉紧。

90. 将多余的绳头和背面的结扣塞进绳索之间隐藏起来。

完成！

可以制作梵高椅的地方

可以买到图纸和工具的地方

绿色木工研究所(名古屋市), 销售木工马凳和各种座椅的图纸, 以及马凳成品。铣刀等刀具除了下面的绿色木工协会以外, 也可以通过日本内外的木工工具通信销售等方式购得。

绿色木工研究所
https://www.facebook.com/GreenWoodworkLab/
greenwoodworklab@gmail.com

NPO 法人绿色木工协会
http://greenwoodwork.blog112.fc2.com/
greenwoodworker@gmail.com
TEL 090-4793-9508

岐阜县立森林文化学院
http://www.forest.ac.jp
info@forest.ac.jp
TEL 0575-35-2525

木工新手也能乐享的绿色木工

在没有机械的时代，像制作梵高椅一样，人们习惯于就近在树林中砍伐树木，直接锯切削凿原木，来制作椅子和器皿之类的生活用具。因为原木柔软，易于手工作业。但是，自从开始使用机械以来，生产方式发生了巨大的变化。材料从遥远的海外运来，生活用具开始由大型工厂大量生产出来。

在这样的背景下，尝试自己切削原木，亲手制作生活用具，再次与身边的森林快乐接触的活动正在全国范围内开展起来。

NPO 法人绿色木工协会（岐阜县美浓市）除定期举办制作梵高椅的讲座，也在日本全国范围内进行现场指导。从锯切原木开始，在四天之内可以制作完成一把梵高椅。

岐阜县森林文化学院（岐阜县美浓市）以有志成为绿色木工指导者的人为培养对象，举办一系列讲座。一年六堂课，包括做椅子。此外，在为期两年的原创者学科教程中，还可以对绿色木工以及森林养护方法等知识进行更为专业的学习。

2013 年 8 月在札幌艺术森林举办的梵高椅制作讲座。
摄影 / 并木博夫

在森林文化学院开办的绿色木工指导者培训讲座。

后记

1975年3月15日，《京都新闻》上刊登了黑田辰秋的专访文章。

那年他七十高龄，距离完成皇居·新宫殿的座椅已过去七年。当被问及今后的方向，他给出了这样的答案：

> 我希望把为新宫殿所做的“日本的椅子”继续下去。我并无创新之念，只希望将过去已做得很好的东西，在感受方式上做出新的诠释。“温故而知新”一语，用在这里最是恰当。

对黑田而言，新宫殿的椅子并不是终点。

虽然在此之后，他未能以具体的作品来展现愿景，却始终对“日本的椅子”心驰神往。

而一直到他生命的最后几年，梵高椅都常伴他身边，被他摆在玄关前，供日常坐用。

这是否会让他时常想起自己曾两度拜访过的瓜迪克斯，是否更充实了他对新式日本座椅的构想呢？

1981年9月，就在黑田去世的前一年，刚卸任的美国总统吉米·卡特一家拜访了黑田。

在当时的录像影片中，梵高椅依然摆放在老地方。

我的工作虽然无法与黑田辰秋的作品相提并论，但我也一直在思考当下的日本所需要的座椅。

日本并没有使用椅子的传统和历史，因而，这是我们力图打破的。

如今，很多人都想体验手作的快乐，我想为大家提供一个能够开开心心地制作椅子的机会。

人与自然之间的距离曾经一度拉开，我们想更加直接地将其拉近。

今后，我们仍然会继续开展快乐的座椅制作活动。

本书在写作时，包括文中出现的各位人士在内，我得到了民艺相关人士、木工相关人士、黑田辰秋的研究者、绿色木工的伙伴们、森林文化学院的同事们等各方关照。

特别是黑田悟一先生，三年以来，就像马拉松的陪跑者一样，一直支持着我。

而以团队成员的身份、在制作指导和图纸绘制上提供支持的加藤慎辅先生，担当本书制作的诚文堂新光社的中村智树先生，编辑土田由佳女士，摄影师深泽慎平先生和宗野步女士，设计师高桥克治先生，在西班牙采访时身兼摄影师、翻译、司机三职的尼古拉·阿森提耶夫先生，于我而言，我的第一本书，正是在各位的帮助下才得以成形。

借此机会，向各位谨表谢忱。

最后，经常抱怨我只顾工作，却依然笑着支持我的女儿阿福和妻子阿圆，也谢谢你们。

久津轮雅
2016年5月

摄影师

深泽慎平

宗野步

尼古拉·阿森提耶夫

编辑

土田由佳

照片、资料提供

黑田悟一

青木正弘

井内佳津惠

上田照子

冈田幹司、冈田寿

谷进一郎

牧直视

大山崎山庄美术馆

爱媛民艺馆

株式会社松本民艺家具

河井宽次郎纪念馆

京都民艺协会

仓敷民艺馆

Kurosawa Production

下关市乌山民俗资料馆

丰田市美术馆

日本民艺馆

飞驒产业株式会社

益子参考馆

Artothek/Aflo

作者

久津轮雅 Masashi Kutsuwa

岐阜县立森林文化学院教授

供职于独具特色的森林文化学院。该学院是培养从林业、森林环境教育、木造建筑到木工等相关人才的专业学校。久津轮雅过去曾以家具匠人的身份于英国工作，在当地掌握了以手工制作的工具切割和加工原木，制成木制品的“绿色木工”，并首次将其引入日本的教育中。他还定期举办面向专业和一般学员的绿色木工讲座，开发便于使用的工具，也经常与海外的木工家们交流，举办相关的交流活动。

梵高椅制作指导

加藤慎辅 Shinisuke Kato

大同大学产品设计专业技术员、绿色木工研究所

在造园工作之外，加藤慎辅定期到名古屋进修木艺，探究原木的可能性。他是日本首位绿色木工倡导者，师从英国“绿色木工”第一人麦克·阿伯特 (Mike Abbott)。现于教育第一线教授产品设计，同时也参与绿色木工的工具开发和普及活动。

参考文献

『民芸手帖 43』柳さんと上加茂民芸協团と私、東京民芸協会、1961 年 / 『民藝177』スペインの白椅子づくり、日本民藝協会、1967 年 / 『新宮殿 千草千鳥の間』、三彩社、1969 年 / 『世界の民芸』濱田庄司・芹沢銈介・外村吉之介著、朝日新聞社、1972 年 / 『黒田辰秋 人と作品』図録、朝日新聞社、1976 年 / 『三四郎の椅子』、池田三四郎著、文化出版局、1982 年 / 『KAKI のウッドワーキング』、柿谷誠著、情報センター出版局、1982 年 / 『月刊京都 371』スペイン民芸紀行 ゴッホの椅子をたずねて、梅ヶ畑の鞍掛けを知る、白川書院、1982 年 / 『黒田辰秋展 —木工芸の匠』図録、東京国立近代美術館、1983 年 / 『民芸四十年』工藝の協団に関する一提案、柳宗悦著、岩波書店、1984 年 / 『紀要 1991』黒田辰秋と上加茂民藝協團(前)、北海道立近代美術館ほか、1991 年 / 『飛騨産業株式会社七十年史』、飛騨産業株式会社、1991 年 / 『紀要 1992』黒田辰秋と上加茂民藝協團(中)、北海道立近代美術館ほか、1992 年 / 『美術館連絡協議会紀要 2』黒田辰秋と戦前の創作活動の調査・研究—黒田辰秋と「上加茂民藝協團」—、読売新聞社・美術館連絡協議会、1994 年 / 『黒田辰秋展』図録、豊田市美術館、2000 年 / 『無盡藏』椅子と私、濱田庄司著、講談社、2000 年 / 『黒田辰秋 木工の先達に学ぶ』、早川謙之輔著、新潮社、2000 年 / 『芸術新潮』2002 年 12 月号建築家・中村好文と考える意中の家具、新潮社 / 『縁あって』黒田辰秋 人と作品、白洲正子著、PHP 研究所、2010 年 / 『黒田辰秋の世界 目利きと匠の邂逅』青木正弘監修、世界文化社、2014 年 / 『三國荘—初期民藝運動と山本爲三郎』図録、アサヒビール大山崎山荘美術館、2015 年

图书在版编目(CIP)数据

遇见梵高椅/(日)久津轮雅著;米悄译.—上海:
上海人民出版社,2022
ISBN 978-7-208-17391-0

Ⅰ.①遇… Ⅱ.①久… ②米… Ⅲ.①座椅-设计-
日本 Ⅳ.①TS665.4

中国版本图书馆CIP数据核字(2021)第215336号

策 划 人 张逸雯|拙考文化
责任编辑 李佼佼
封面设计 甘信宇
内文设计 王瞻远
营销编辑 池 淼 赵宇迪

遇见梵高椅
[日]久津轮雅 著
米 悄 译

出　　版 上海人民出版社
(201101 上海市闵行区号景路159弄C座)
发　　行 上海人民出版社发行中心
印　　刷 上海盛通时代印刷有限公司
开　　本 720×1000 1/16
印　　张 14.5
字　　数 150,000
版　　次 2022年2月第1版
印　　次 2022年2月第1次印刷
ISBN 978-7-208-17391-0/J·622
定　　价 118.00元